新概念广告与品牌设计书系

InDesign
设计与排版实例大全

李百平　余圆圆　著

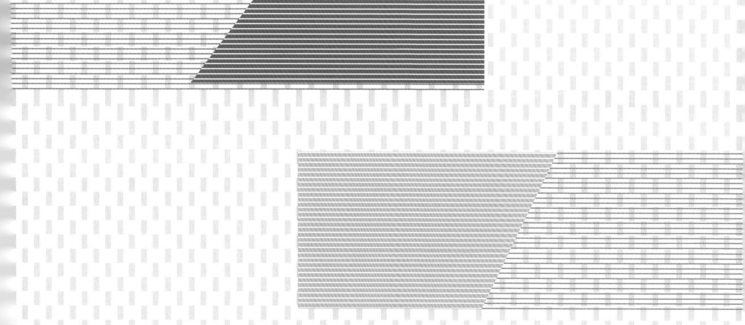

西南师范大学出版社

国家一级出版社　全国百佳图书出版单位

图书在版编目（CIP）数据

InDesign设计与排版实例大全 / 李百平，余圆圆著
. -- 重庆：西南师范大学出版社，2016.3
ISBN 978-7-5621-7798-2

Ⅰ．①I… Ⅱ．①李… ②余… Ⅲ．①电子排版—应用
软件 Ⅳ．①TS803.23

中国版本图书馆CIP数据核字(2016)第045225号

InDesign设计与排版实例大全

李百平　余圆圆　著

责任编辑：胡秀英
装帧设计：CASTALY 周　娟　尹　恒
出版发行：西南师范大学出版社
　　　　　地址：重庆市北碚区天生路2号
　　　　　邮编：400715
　　　　　http://www.xscbs.com
经　　销：全国新华书店
印　　刷：重庆建新印务有限公司
开　　本：889mm×1194mm　1/16
印　　张：15.25
字　　数：410千字
版　　次：2016年11月　第1版
印　　次：2016年11月　第1次印刷
书　　号：ISBN 978-7-5621-7798-2

定　　价：58.00 元（配光盘）

InDesign 是由 Adobe 公司于 1999 年推出的排版软件，它集众多排版软件的优点于一身，继承 Adobe 公司系列软件的操作习惯，使用户可以快速地找到熟悉的操作方法。这使得该软件在短时间内得到迅速推广，为报纸、书籍、宣传页、海报等的排版提供了强大的支撑。

InDesign 是一款优秀的排版软件，具有其他排版软件无法媲美的优势：

1. 软件引入了 Photoshop 中图层管理的概念，对排版中出现的图片、文字、图形、线条等各类元素按照图层的形式进行有效管理；

2. 可以自由锁定与解锁某一个图层或某一个元素的具体位置，防止版面错乱；

3. 具有强大的文字处理能力，文本框可以自由、无限制地绘制，可以十分精准地实现文字对齐功能；

4. 具有强大的主页功能，为杂志、书籍等出版物中页眉、页脚、页码样式的编辑提供了极大的便利；

5. 具备 Adobe 公司 Photoshop、Flash 等软件共同的工具、共同的快捷键、共同的操作习惯，使用户在学习软件的使用时可以用较高的效率掌握相关技术。

本书分十章，重点讲解实例的操作，从宣传物的设计到展板的设计，从广告海报的设计到杂志、书籍等出版物的排版，内容涉及数十个经典案例，基本涵盖了各种类型的排版与设计。本书将理论与实践相结合，语言精练，讲解到位，读者不仅可以了解 InDesign 的各项操作技巧，而且可以在极短的时间里高效率地制作出专业的、精美的排版设计作品，这也是本书作者在编写本书的过程中希望达到的效果。

作为排版设计人员，大量浏览和模仿他人的经典作品是一种最快捷和高效的学习方式，为了让读者更快更好地学习，本书精心制作了一张 DVD 光盘，书中的案例素材均在光盘中，包含：

1. 数十个经典案例；

2. 大量案例图片；

3. 400 多分钟的案例高清视频教程。

由于时间仓促及编者水平有限，书中难免有错误或不足之处，敬请广大读者批评指正。

编者

2016 年 5 月

目录

CONTENT 01

第六章
海报、广告的设计
——版面设计 /156

第七章
期刊的设计
——图文处理 /175

第八章
图书的排版设计
——样式与目录 /198

第九章
导入 Excel 等外部数据
——表格处理 /212

第十章
文件的输出与打包
——输出设置 /229

第一章 / InDesign 介绍 ——软件基础

本章概要

- 认识排版软件 InDesign
- 常用菜单介绍
- 工作区与工具面板介绍
- 排版色彩设计技巧
- 常用出版物规格介绍

第一节 认识排版软件 InDesign

一、InDesign 的发展简史

Adobe InDesign 是由美国 Adobe 公司开发的一款桌面出版应用程序，主要用于出版物、印刷品的排版设计。Adobe 公司于 1994 年收购了当时著名的排版软件 PageMaker，在吸收其优点并重新整合后，全新发布了 InDesign，该软件在操作界面、使用习惯、菜单及各项功能设置上与 Photoshop、Illustrator、Flash 等兄弟软件保持高度融合和统一，为用户从其他设计和排版软件过渡到 InDesign 提供了极大便利，节约了用户的时间成本。现在，InDesign 已成 Adobe 公司的重要成员，与 Adobe 公司的 Photoshop、Illustrator、Flash、Premiere、After Effects、Audition、Acrobat 等软件一同在数字媒体技术，包括位图与矢量图作品、动画、音视频、网页设计等领域领先世界。图 1-1 所示为 Adobe InDesign CC 2014 的界面。

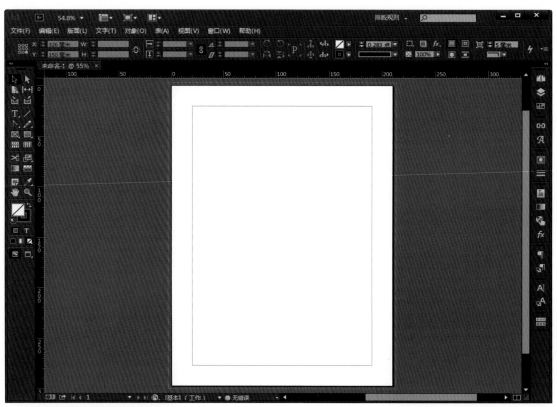

图 1-1 Adobe InDesign CC 2014 界面

二、InDesign 的优势

InDesign 作为 Adobe 公司系列软件成员之一，在使用过程中依靠 Adobe 强大的兄弟软件团队，使得 InDesign 有着其他排版设计软件无法媲美的优势。

InDesign 可以与 Adobe 各个图形设计软件实现无缝对接，比如在 InDesign 中可以直接置入 Photoshop 的工程文件（扩展名为 psd）和 Illustrator 的工程文件（扩展名为 ai）。这三个软件各有所长，Photoshop 侧重于位图的设计与效果处理，Illustrator 主要用于矢量图的设

计与排版，而 InDesign 则侧重于排版，包括专门的文字排版与图文混排，同时具备基本的图形设计功能。我们可以利用各自的优势，有选择地在工作中切换各个软件。在 InDesign 排版过程中，遇到较为复杂的图形处理或者矢量图设计时，可以使用 Photoshop 或者 Illustrator 来完成，然后将其文件置入 InDesign 中进行排版。

在追求高效率的时代，仅具备基本排版功能已无法满足用户工作的需要，为此，InDesign 提供众多的自动化排版功能，极大地节约了时间，提高了工作效率。比如页码自动生成、多人分工协同排版、图文混排自动避让、主页应用、读取数据库并显示等。

在同领域中，Photoshop 的地位无可代替，在全球范围内拥有广泛的用户。InDesign 延续了 Photoshop 等软件的设计思路，软件操作界面、菜单以及各项功能、绝大部分快捷键等与 Photoshop 保持高度统一，用户在短时间内即可掌握 InDesign 绝大部分功能，软件的设计开发更加具有统一性和整体性，操作更加人性化。

InDesign 在排版中具有超高的自由灵活性。InDesign 沿用 Photoshop 的图层功能，可以将对象按图层管理，建立较大文档时，可以将提示文字、正文文字、图片等按照不同类别添加到不同图层中进行管理，科学有序。在对象分层管理方面，除图层与图层之间的分层管理外，同一图层的多个对象同样具有上下层关系，实现无数层叠与不同混排样式。锁定对象同样是排版过程中十分重要的功能，InDesign 允许用户自由锁定和解锁任意对象，被锁定的对象将不能被移动或编辑，可以有效地防止在排版过程中误操作导致的对象位置移动。

InDesign 支持导入和导出的文件格式十分丰富：支持导入常见的图片文件、各类矢量图形文件、音视频媒体文件、pdf 文件、文本文件、微软 Word 文件以及 Excel 文件，给排版工作带来极大便利；支持导出文本文件、pdf 文件、eps 矢量图、epub 电子出版文件、swf 以及 html 网页文件等格式，所支持导出的文件格式在印刷领域、电子出版领域、网络传输领域等广泛使用。

除此之外，InDesign 还具备众多十分人性化的操作，比如主页的应用、目录的提取、段落样式的应用等。让我们从这里开始，走进 InDesign 的世界。

三、对电脑硬件的要求

InDesign CC 的安装包较大，可运行于 Windows 操作系统和 Mac 操作系统，本书以 Windows 操作系统版本为基础进行讲解。Windows 版本下有 X86 与 X64 两个版本，安装时请根据电脑系统选择对应的版本。

InDesign 软件对电脑硬件要求较高，以下是来自官方网站中对电脑硬件的最低要求：

- Intel® Pentium® 或 AMD Athlon® 64 处理器（双核及以上）；
- 2GB 内存；
- 1.6GB 可用硬盘空间；
- 1024×768 像素（建议使用 1280×800 像素），16 位显卡。

官网列出的仅是最低要求，建议在正常工作时提高电脑硬件相关配置，减少运行时电脑的卡顿感。InDesign 默认的视图显示性能为"典型标准"，该功能主要针对矢量图和位图的预览显示清晰度而设定。当电脑配置较低时，建议将视图显示性能进一步降低为"快速标准"，这可以在一定程度上减轻电脑运行时的卡顿感。该视图显示仅作预览用，不影响最终印刷品输出的清晰度。

提高电脑配置主要针对 CPU、内存（显存）而言，目前新型的固态硬盘对电脑运行速度也有较大影响，在资金允许的情况下，可以增加系统盘的储存空间。由于 InDesign 显示到桌面中的功能较多，某些菜单项目较多，如果显示器分辨率不够高，则会导致诸多菜单或桌面功能无法显示，分辨率如果低于 1024×768 像素，则可能被禁止安装。

四、InDesign 的应用领域

1. 图书排版

图书排版是 InDesign 最主要的应用领域，主要涉及文字、图像、符号的混排，版式与目录的设计，以及与印刷相关的领域等。图书排版是一个综合性的排版工程，除了图文混排，还涉及众多细节的排版设计。比如，多级标题的段落样式设计与应用、页眉与页脚的设计、修饰性符号与图案的设计、页码的生成与目录的自动提取、整本书风格的统一与布局等。

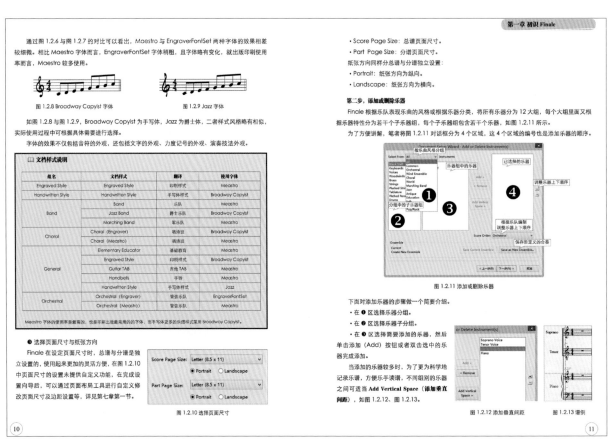

图 1-2 图书排版案例

图 1-2 是图书排版的样式，这是常见的图书正文排版样式。除正文外，InDesign 还可以设计简单的封面与封底，对于较为复杂的封面设计，建议采用 Photoshop 或 Illustrator 设计，而后置入 InDesign 中进行排版。

2. 杂志的排版

杂志的排版与图书的排版基本相同，但更侧重图文混排，标题样式风格各异，不能直接套用段落样式，这给提取目录带来一定的不便。

图 1-3 为杂志排版案例，杂志的排版相对于图书来讲，更加的无规则，版式更加自由灵活，可以一篇文章一个版面设计、一页分两栏或三栏，灵活多样的排版样式给排版工作增加了难度和工作量。

图 1-3 杂志排版案例

3. 报纸的排版

报纸排版的特点是版面数量有限，但信息量较大，可能出现跨版面的文章排版，在排版前期需要预先确定报纸的版面数量、头版头条、报纸特色栏目、版头等信息。整体把握报纸内容和排版情况后，可以更加游刃有余地对报纸进行排版。图 1-4 为报纸刊头部分。

图 1-4 报纸排版案例

4. 台历的排版

台历和挂历使用 InDesign 排版十分方便，固定信息可以使用主页功能定义，图 1-5 是台历的排版案例。InDesign 具备基本的矢量图设计功能与简单图像处理功能，严格意义上讲，InDesign 目前可以设计绝大部分常见的印刷品，包括名片、VIP 会员卡、酒店菜单、公司宣传折页、画册等。

某些图形图案无法应用 InDesign 设计，可使用 Photoshop 或 Illustrator，然后将其作为素材置入 InDesign 中进行混排。如果印刷品的页数较少且设计要求较高时，可以直接选择使用 Photoshop 或 Illustrator 设计。

图 1-5 台历排版案例

第二节 软件界面与常用菜单介绍

一、软件操作界面

图 1-6 是 Adobe InDesign CC 2014 的操作界面，该界面主要由 6 个区域组成。

图 1-6 Adobe InDesign CC 2014 操作界面

1. 菜单栏

菜单栏包括两部分，一部分是菜单栏，另外一部分是从菜单栏中提取的部分常用功能，它以下拉菜单形式排列于菜单栏右侧，当窗口宽度不足以容纳菜单和这部分常用功能按钮时，常用功能按钮自动挤到菜单栏上方，与菜单栏形成上下两行的形式，即图 1-6 的显示形式。这部分功能菜单从左往右依次是 Bridge 调转按钮、视图缩放级别、视图选项、屏幕模式、排列文档、工作区选择、搜索。

2. 控制面板

控制面板包括对象、字符、段落、表、跨页、其他 6 个面板。其中，对象、字符、段落和其他 4 个面板常驻于控制面板区域，表和跨页面板是在选定特定对象的情况下才会显示。表的控制面板是在文档中插入并选中了该表的情况下显示的，跨页面板是在使用页面工具选中某个页面后显示的。所有的控制面板可通过控制面板栏最右侧的 按钮进行定义，单击该按钮，在下拉菜单中选择菜单最底部的自定菜单项，即可对控制面板进行自定义操作，如图1-7所示。

3. 浮动面板

浮动面板中的所有面板都单独拖拉出，以浮动形式显示，也可以固定于窗口右侧。由于显示器高度有限，无法显示所有的面板，因此建议按照工作需要，将常用的面板固定于窗口右侧即可。

浮动面板有多种显示形式，可根据个人使用习惯进行调整。图1-8是默认的浮动面板显示样式，单击图1-8右上角的 ◀◀ 后，该箭头变为 ▶▶ ，该浮动面板的各项功能参数被展开，变为图1-9的样式。

当面板处于展开状态时，每个面板右上角会显示 ▼ ，单击该按钮时会弹出该面板的详细菜单项，如图1-10。在不同的浮动面板上单击该按钮，所显示的菜单项各有不同。

图1-7 自定控制面板

图1-8 默认面板样式

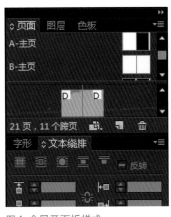

图1-9 展开面板样式

图1-10 面板详细菜单项

在显示器分辨率有限的情况下，为了节约有限的屏幕空间，可以将浮动面板调整为最简化显示形式：将鼠标放到浮动面板最左侧边框处时，鼠标变为一个双向箭头的形式，这时向右拖拉鼠标到最右边，即可将浮动面板简化，如图1-11所示。

每个浮动面板均可按住面板名称将其拖拉出，并浮动于窗口最上方。在显示器的分辨率较高且不影响排版操作的情况下，可以将常用的面板拖出，一旦需要修改特定对象的参数时便可快速修改，节约时间，提高效率。图1-12即以浮动形式显示该面板，当不需要使用该浮动面板时，可单击关闭按钮将其关闭，或按住面板名称处拖拉至窗口右侧，将其放回面板泊位中。

4. 工具箱

Adobe InDesign CC 2014的工具箱包含20多个工具。工具箱分3部分，分别是常用工具、颜色调整和预览模式。如图1-13所示，在工具箱左上方有一个 ◀◀ 按钮，点击该按钮可以将所有工具切换为一列显示，在显示器分辨率有限的情况下，可以节约有限的桌面空间，使软件界面看上去更加清爽。当显示器分辨率高度不足，一列的显示方式无法显示所有工具时，可以通过该按钮切换为显示两列的形式。

鼠标移动到某个工具上方悬停，会自动显示出该工具的快捷键，牢记并使用常用工具的快捷键，可以省略用鼠标切换各个工具的步骤，有效提高工作效率。

5. 多选项卡视图

InDesign允许同时打开多个indd文件进行编辑。当同时打开多个indd文件时，可通过选项卡切换、查阅和编辑不同文档，如图1-14所示。

当同时打开的文件数量过多导致选项卡区域无法全部显示时，单击选项卡最右侧的 ▶▶ 按钮，即可以下拉菜单形式显示所有打开的文档列表，也可切换、查阅和编辑不同的文档。

每个选项卡对应一个indd文档，图1-14中白色区域是最主要的工作区，即文档的编辑区，所有的排版工作均在此区域完成。

 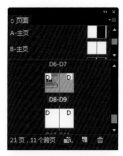 

图1-11 最简化浮动面板　　　　图1-12 浮动面板　　　　图1-13 工具箱显示模式

图1-14 多选项卡视图

6. 状态栏

状态栏中最重要的一个功能是对配置文件进行印前检查，如显示 [基本]（工作） ▼ 1个错误 时，表示文档中出现一个错误，双击错误提示弹出图1-15的对话框，在该对话框中显示出当前错误，我们可根据出现的错误有针对性地进行纠正。

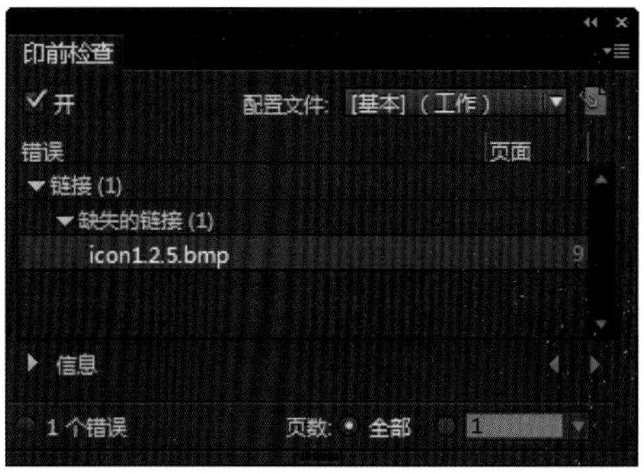

图1-15 印前检查

二、常用菜单介绍

Adobe InDesign CC 2014共有9个菜单，分别是文件、编辑、版面、文字、对象、表、视图、窗口、帮助，InDesign所有功能都包含在这9个菜单中。本节将对菜单中的常用菜单项做简要介绍。

1. 文件

文件菜单内容如图1-16所示。

新建：常用的菜单项是新建文档和书籍。文档指的是单个排版文件。这里说的单个排版文件可以是一个完整的排版文件，比如宣传折页、名片等，也可以是一本书的某一章。书籍指的是将多个indd文件合成一个书籍文件，将多人协作完成的不同文档加以合成处理，并完成页码添加、目录提取等操作后的文件。

打开：该菜单可以打开文档，也可以打开书籍，其快捷键是Ctrl+O。

在Bridge中浏览：电脑中需安装Bridge软件，单击该项菜单后自动启动Bridge。Bridge是一个素材管理器，通过该软件预览素材后，可以将选定素材置入InDesign、Photoshop、Illustrator、After Effects等软件中进行编辑处理，快捷键是Ctrl+Alt+O。

最近打开文件：该菜单按照最近打开文档的先后顺序显示最近打开的10个文档，文档显示的数目可以通过菜单"编辑／首选项／文件处理"更改。

关闭：关闭当前文档，而不是退出软件，快捷键是Ctrl+W。

存储：保存当前文档，快捷键是Ctrl+S，存储为菜单项的功能是将当前文档作为一个新版本存到指定路径，快捷键是Ctrl+Shift+S。

图1-16 文件菜单

置入：支持置入常见 Word 文档、Excel 文档、文本文档、一般图片、矢量图、pdf、psd、ai 以及音视频等媒体文件，快捷键是 Ctrl+D。

导出：支持将排版文件导出为 pdf、jpeg、epub、swf、html 等文档，如图片和 html 格式可通过互联网的形式显示，epub 可以通过电子书的形式显示，swf 以媒体的形式显示，快捷键是 Ctrl+E。

文档设置：更改当前文档的页面尺寸、页面方向、出血等信息，快捷键是 Ctrl+Alt+P。

打包：将当前文档以及当前文档使用的字体、图片等信息提取后打包，并发送给第三方排版或印刷单位，由它们进行后期的印刷工作。如果不使用该功能，仅将 indd 文档发给第三方，将会导致字体和图片等资料缺失。

打印：本机链接打印机后，使用 InDesign 自带的打印功能打印文档，快捷键是 Ctrl+P。

退出：点击该菜单后，退出 InDesign 软件，关闭所有打开的文档，快捷键是 Ctrl+Q。

2. 编辑

编辑菜单是 InDesign 中包含菜单项较多的一个菜单，如果显示器分辨率低于 1024×768 像素，则会导致该菜单显示不全面，当选择的对象不同时，该菜单中显示的菜单项也不同。如图 1-17 所示，编辑菜单的前 5 个菜单项是还原、重做、剪切、复制、粘贴，这是 Windows 操作系统中大多数软件常用的菜单项，其功能和快捷键不再赘述。

粘贴时不包含格式：在 InDesign 中，文字是具备字体、字号以及行间距等格式信息的文本，在使用复制、粘贴功能时自动粘贴原文本及其格式信息。选择该菜单项后，所粘贴的文本将丢失原文本的格式。该菜单项复制的对象是文字，对复制文本框无效。

贴入内部：在 InDesign 中，有专门用于放置文字或图像的容器，当置入图片或粘贴文字时，该容器被自动创建并与置入的素材大小自动匹配。该容器也可以通过工具箱中的框架工具（如矩形框架工具）独立绘制，将文字或图片粘贴到容器内部。

原位粘贴：保持复制的文字或图片的原始位置，并粘贴到当前页面中。

清除：将选定的对象删除。

直接复制：选中对象后选择该菜单选项，将复制一个相同的对象。

图 1-17 编辑菜单

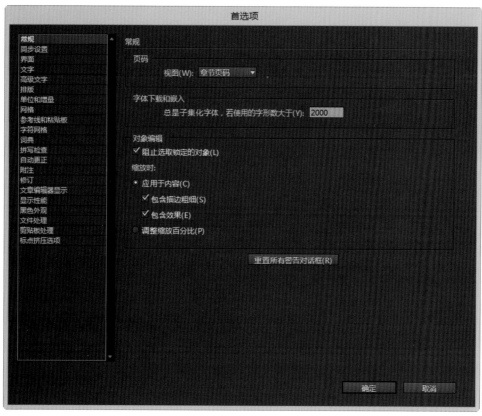

图 1-18 首选项

多重复制：选中对象后选择该菜单选项，将复制多个相同的对象。

编辑原稿：该选项主要针对图片、pdf 或音频、视频对象，用于编辑对象的原始文件。

编辑工具：选择编辑对象的工具，比如选择的是图片时，可选择 Photoshop 等工具编辑原稿。

快速应用：快速执行选中的某项操作，比如为某段文字应用段落样式、保存文件、退出软件等。

查找／更改：除支持常规的查找、替换功能外，支持按照格式搜索文本和更改文字格式，支持按照 grep 规则进行查找、替换与修改信息，支持按照对象格式查找和更改对象格式。

首选项：该选项是一个综合性的参数设置对话框，通过快捷键 Ctrl+K 可以打开该对话框，建议保持默认的参数设置，不要改动。如图 1-18 所示，首选项中包含常规、界面、文字、显示性能、文件处理、标点挤压选项等 21 项设置，我们将在后续章节的案例学习中用到，这里不一一赘述。

3. 版面

版面中主要涉及与版面布局有关的信息，版面菜单如图 1-19 所示。下面对版面菜单中的常用菜单项做简要说明。

图 1-19 版面菜单

版面网格：InDesign 中输入文本可以使用文字工具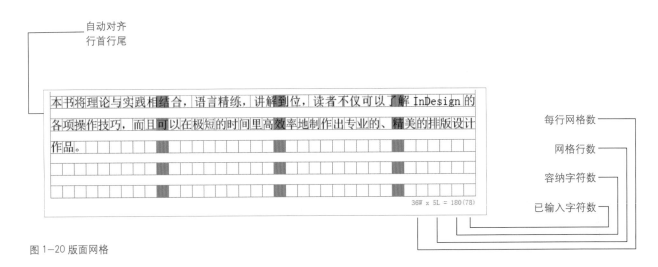，也可以使用网格工具▦和▦。当使用网格工具输入文本时，文本框会根据字体、字号以及页面尺寸等自动生成网格，文字自动对齐网格。网格工具与文字工具在文字排版方面有诸多不同。

版面网格中只有水平网格工具▦和垂直网格工具▦，水平网格工具用于输入水平文字，垂直网格工具用于输入垂直文字。

在版面网格中直接更改文字的字号与行间距会导致文字无法与版面网格对齐，需要调整网格框架来更改字体、字号。当在网格框架中更改字号时，网格自动调整大小以匹配字体和字号。

使用版面网格可以精确地控制字间距、行间距，系统可以自动统计当前版面网格中的行数、每行字数以及已输入的字数。在进行图文混排时，可以十分直观地观察文字段落的行边与列边，如图 1-20 所示。

图 1-20 版面网格

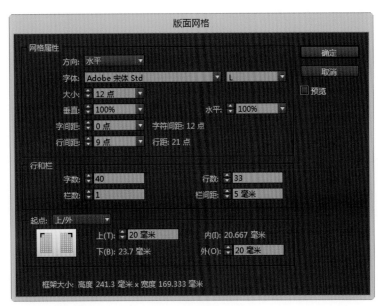

图 1-21 版面网格

用网格工具绘制的网格是按照一个字一个网格的形式生成的，每个网格的宽度和高度受版面网格设置的字体、字号的影响，不恰当的字号设置会导致网格与默认页边距设置的尺寸不匹配。

同一个文档中可以应用多个不同的版面网格，但是在一个跨页中，当版面网格布满整个页面时，如果左侧页与右侧页应用不同的版面网格，由于字体、字号不同可能会引起页边距不匹配的情况。图 1-21 为版面网格设置对话框。

版面网格参数设置完毕后，在水平网格工具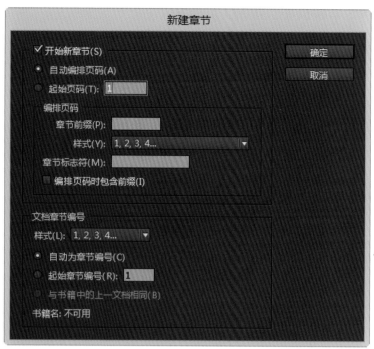和垂直网格工具按钮上双击鼠标，可以单独设置其页面的版面网格。

页面：包含添加页面、插入页面、移动页面、删除页面以及添加页面过渡动画等。

边距和分栏：调整当前文档的边距和分栏参数。

创建参考线：在页面中创建参考线，创建的参考线会把页面分割为若干部分。

创建替代版面：同一文件，如果要用不同的版面尺寸输出，使用替代版面就可以极大地节约时间。需要特别说明的是，目前的技术无法实现全自动的版面调整，在替代版面创建完成后，需要手动调整相关布局。

自适应版面：自适应版面经常结合创建替代版面使用，用于创建应用于不同尺寸的设备上的内容。

页码和章节选项：调整页码和章节显示效果。如图 1-22，在某些印刷品中，目录页码与正文页码是各自独立编排的，通过"新建章节"对话框可以分别对目录和正文的页码进行编排。

目录：InDesign 可以自动生成目录，目录的样式是根据定义的段落样式得来的，并且能将对应的页码提取出来，显示在目录页面中。

4. 文字

图 1-23 是文字面板，其中包含与文字、字符、段落等相关的功能，下面对文字版面中的常用菜单项做简要说明。

排版方向：更改选中的文本框架中的文字排版方向。

字符：更改文字字体、字号、行间距、字间距等参数，快捷键为 Ctrl+T。

段落：对段落进行对齐方式、左右缩进、前后间距、首字下沉行数等设置，以及避头尾设置、标点挤压设置等。

图 1-22 新建章节

图 1-23 文字版面

字符样式：将指定的字符样式定义为模板，在排版时将所有需要该样式的字符选中，点击字符样式即可将该样式所包含的各种参数应用于选中的字符，字符样式包括字体、字号、行间距、颜色等参数。

段落样式：将指定的段落样式定义为模板，在排版时将所有需要该样式的段落选中，点击段落样式即可将该样式所包含的各种参数应用于选中的段落，段落样式包括字体、字号、行间距、颜色、缩进、首字下沉、避头尾设置、段落对齐方式等参数。在自动提取目录时，整个书籍或文档中的目录的段落样式也会一并被提取。

复合字体：复合字体不是一种字体，而是一种字体集合。当文章中使用中、英文以及字符时，用户可以自定义复合字体，在复合字体中为中、英文及字符分别制订不同的字体。文章中使用了该复合字体后，当输入中文时自动使用复合字体中定义的中文字体，当输入英文时则自动应用复合字体中定义的英文字体。图1-24为"复合字体编辑器"对话框。

图 1-24 复合字体编辑器

避头尾设置：在排版时，有些字符不允许出现在行首，比如标点符号。避头尾设置可以将不允许出现在行首、行尾的字符添加到避头尾列表中，也可以设置不允许换行的字符。大多数情况下，避头尾设置中已经将常见的字符预置，基本不需要重新定义。

标点挤压设置：InDesign 提供了十分详细的标点挤压设置，分基本和详细两种形式显示。默认的标点挤压设置参数是相对科学合理的，基本不需要调整，我们将在相关案例中介绍常用的调整方法。

创建轮廓：将图形或文字转曲后，文字将作为图形的形式，通过添加锚点来调整其形状，且不可以再进行更改。

查找字体：打开文档，当字体缺失时可使用该功能在电脑中查找当前字体或更换其他字体。

路径文字：可为文字添加、删除或调整路径，其设置如图 1-25 所示。

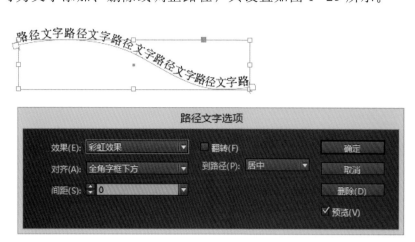

图 1-25 路径文字选项

插入脚注：该功能结合文档脚注选项使用，可以设置脚注样式，自动按顺序添加脚注编码，当删除其中一个脚注后，其顺序自动依次调整。

文档脚注选项：插入脚注后使用该菜单项编辑脚注样式。

超链接和交叉引用：该菜单项主要提供两个功能，一是超链接，包含页面跳转、文本锚点跳转、URL 跳转等；二是交叉引用，可以实现页码交叉引用、文本交叉引用、段落交叉引用等。

文本变量：包括修改日期、创建日期、动态标题、最后页码等，除此之外，InDesign 允许自定义变量，这些变量可以被直接输入文本框中并呈现出来。

项目符号列表和编号列表：通过定义和应用段落样式自动生成项目符号或自动为段落编号列表，支持自定义任意字符作为符号列表，有多种常见的格式，如图 1-26 所示。

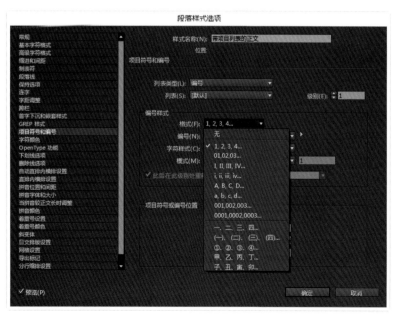

图 1-26 自定义项目符号列表

插入特殊字符：特殊字符包括符号、标志符、连字符、破折号、引号以及其他 5 大类，每个类别下面有诸多不同的字符，其中符号与标志符菜单下的字符最常用。

常用符号字符有：

项目符号 "•"，快捷键是 Alt+8。

版权符号 "©"，快捷键是 Alt+G。

省略号 "…"（此处为英文省略号），快捷键是 Alt+；。

段落符号 "¶"，快捷键是 Alt+7。

注册商标符号 "®"，快捷键是 Alt+R。

章节符号 "§"，快捷键是 Alt+6。

商标符号 "™"，快捷键是 Alt+2。

以上常用符号在字体不同的情况下，字符显示会有所不同。

常用标志符有：

当前页码，一般应用于主页中，可自动为整个文档创建页码，快捷键是 Ctrl+Alt+Shift+N。

下转页码，在页面中显示下一页页码。

上接页码，在页面中显示上一页页码。

章节标志符，一般用于主页中，也可应用于页面中，结合"版面／页码和章节选项"定义章节显示样式。

脚注编号，页面中插入脚注时方可为脚注编号。

5. 对象

对象菜单内容如图 1-27 所示。

变换：变换选中对象的形状，如移动、缩放、旋转等。

排列：在 InDesign 中的所有对象都按照上下层叠放，置于上方的对象可以将下方的对象遮住，通过该菜单项可以调整某个对象在文件中的上下层关系。

置于顶层，快捷键 Ctrl+Shift+]。

前移一层，快捷键 Ctrl+]。

后移一层，快捷键 Ctrl+[。

置为底层，快捷键 Ctrl+Shift+[。

编组：将多个对象编为一个群组，方便将多个对象以一个整体的形式与其他对象混排。群组中的每个对象通过双击后也可以单独编辑，快捷键是 Ctrl+G。

取消编组：将群组的多个对象取消编组恢复为单个对象的形式，快捷键为 Ctrl+Shift+G。

图 1-27 对象菜单

锁定：将对象锁定后，对象将不可以移动和编辑，快捷键是 Ctrl+L。

解锁跨页上的所有内容：将跨页中所有锁定的对象解锁，解锁后的对象允许移动和编辑，快捷键是 Ctrl+Alt+L。当跨页中仅需要解锁其中某个对象时，单击该对象左上角的▦图标，即可将该对象解锁。

文本框架选项：调整当前文本框架参数，比如栏数、栏间距、内边距等参数。

定位对象：给文本框指定文字或图形，被指定的文字或图形将被锁定于该文本框中。该功能可以用于给标题指定图标、给产品图片指定说明文字等。

内容：为选定的框架添加内容，比如文字或图形。

效果：该功能与 Photoshop 基本一致，为图形或文字添加效果。

角选项：为选中的框架设定边角效果，四个边角的形状可单独设定，边角效果有花式、斜角、内陷、反向圆角、圆角 5 种。

路径查找器：用于合并和分离两个以上的物体，并且可以利用不同对象的重叠部分建立新的对象。路径查找器可以创建较为复杂的路径，实现复杂的图形效果。

显示性能：有快速显示、典型显示、高品质显示 3 个不同模式。快速显示模式显示的图片质量最差，可快速预览图片，查看整体排版效果；高品质显示模式显示的图片质量最高，但电脑硬件配置较低时会影响打开和查看文档的速度，进而影响工作效率；InDesign 默认的是典型显示，对于一般办公电脑而言，该模式是较佳选择。

6. 表

表格是 InDesign 中十分重要的功能，该菜单中所有菜单项的功能都应用于表格。下面我们对表菜单中常用菜单项的功能做简要介绍，表菜单如图 1-28 所示。

插入表：在 InDesign 中表格必须要插入文本框中，在选择该功能前需要创建一个文本框，并将其调整到合适大小，再选择该项创建表，快捷键是 Ctrl+Alt+Shift+T。

将文本转为表：将文本转为表格，并根据选中的文本自动创建一个表，行与列的分隔符可以选制表符、逗号或段落。

将表转为文本：将表格转为文本的形式，行与列的分隔符可以选制表符、逗号或段落。

表选项：设置当前表的外框、颜色、间距、行线、列线以及表头与表尾的样式等。

单元格选项：主要设置选中的单元格的文本、描边与填色、行和列、对角线等参数。

图 1-28 表菜单

插入：在指定位置插入行与列。

删除：删除行、列、表。

选择：选择指定的行、列、表、单元格等。

合并单元格：将选中的两个或多个单元格合并。

取消合并单元格：将已合并的单元格取消合并。

水平拆分单元格：将选中的一个或多个单元格在水平方向上拆分为两行。

垂直拆分单元格：将选中的一个或多个单元格在垂直方向上拆分为两列。

在前面粘贴：将复制的单元格粘贴在当前单元格前面。

在后面粘贴：将复制的单元格粘贴在当前单元格后面。

均匀分布行：将选中的多个行的高度均等化。

均匀分布列：将选中的多个列的宽度均等化。

7. 视图

该菜单下主要涉及与预览文档有关的设置，下面对视图菜单下常用菜单项做简要说明，视图菜单如图 1-29 所示。

叠印预览：如图 1-30，当不同颜色的图形叠在一起时，如果未对这些图形设置透明度，在印刷时我们只能看到重叠部分最顶层的颜色。通过菜单，设置图 1-30 的属性勾选"叠印填充"，在未启用功能时，其预览效果依然是图 1-30，但实际印刷效果为图 1-31。为了得到正确的预览效果，便于准确调整色彩，在预览叠印填充效果时，需要开启该功能，快捷键是 Ctrl+Alt+Shift+Y。

图 1-29 视图菜单

图 1-30 无叠印

图 1-31 有叠印

校样设置：选择颜色校对设置标准。

校样颜色：根据校样设置标准，校对文档中对象的颜色。

放大：放大页面，快捷键是 Ctrl ＋ ＝。

缩小：缩小页面，快捷键是 Ctrl ＋ －。

使页面适合窗口：使当前页面适合窗口大小，快捷键是 Ctrl+0。

使跨页适合窗口：使当前跨页适合窗口大小，快捷键是 Ctrl+Alt+0。

实际尺寸：使当前页面的大小与实际输出时的大小一致，快捷键是 Ctrl+1。

旋转跨页：旋转跨页的方向，便于设计不同方向文字的文档时查看设计效果。

屏幕模式:即页面视图模式,分别是正常、预览、出血、辅助信息区、演示文稿。正常模式显示页边距、出血、参考线等信息；预览模式仅显示正文区域，即文档中的内容及尺寸；出血模式在预览模式的基础上显示出血区域；辅助信息区在出血模式的基础上显示出辅助信息；演示文稿模式即全屏查看页面，以幻灯片形式观看文档。除演示文稿模式外,其他三种模式均可通过快捷键 W 切换回正常模式,演示文稿模式的快捷键是 Shift+W。

显示性能：该显示性能的设置应用于当前文档中的所有图形。

隐藏标尺：将编辑区上方与左侧的标尺隐藏，快捷键是 Ctrl+R。

网格和参考线：设置隐藏、锁定、靠齐参考线等。

8. 窗口

如图 1-32，窗口菜单中主要包含 4 部分内容，第一部分是排列窗口，第二部分是工作区，第三部分是浮动窗口的开关，第四部分是当前打开的文档列表。

排列：窗口的排列样式，除常规的层叠、平铺外，还提供浮动、拆分窗口的功能，方便在同一个文档的不同位置或多个文档间切换编辑。

工作区：储存和记忆用户在排版时使用的浮动面板、工具箱的样式，内置书籍、排版规则、数字出版等 7 种不同样式的工作区，同时支持新建工作区。

浮动面板：包含 20 多个浮动面板，软件中绝大部分的浮动面板均可在这里开启或关闭。

当前打开文档列表：显示当前打开的所有文档列表，点击对应列表名称即可切换到相应文档进行编辑。

图 1-32 窗口菜单

9. 帮助

帮助菜单提供有关 InDesign 的使用帮助，按下 F1 快捷键即可链接到 Adobe 的在线帮助网站。在线帮助网站可以为用户提供最专业、最全面的相关使用说明。

第三节 工作区

一、工作区

用户可以根据自己的应用领域和使用习惯，将不同的面板和菜单按照自己的习惯布局，并将其存储为工作区。工作区除了可以保存不同面板的开启方式和位置外，也可以保存用户自定义的菜单项。

如图 1-33 所示，InDesign 内置 7 种工作区，分别是书籍、交互式 PDF、印刷和校样、基本功能、排版规则、数字出版、高级，用户可以在任意一种工作区的基础上调整适合个人习惯的布局方式，保存为新的工作区。

图 1-33 工作区

二、界面首选项

选择菜单，执行：编辑／首选项／界面，弹出图 1-34 首选项对话框。

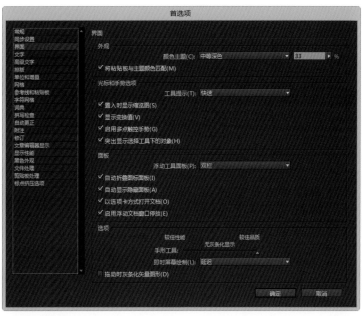

图 1-34 首选项

1. 更改颜色主题

如图 1-34 所示，用户可以根据自己的使用习惯调整软件工作区的颜色主题，预置浅色、中等浅色、中等深色、深色和自定义 5 种模式，默认是中等深色。调整颜色深度百分比可以自定义颜色主题，显示比例越小颜色越深，显示比例越大颜色越浅。

2. 光标和手势

置入时显示缩览图：当置入图形时，是否在鼠标旁显示图片的缩览图。

显示变换值：当调整对象尺寸时，是否在鼠标旁显示调整值的变化情况。

启用多点触控手势：主要针对触摸屏使用，是否启用多点触控屏幕。

3. 面板

浮动工具面板：工具栏开启样式选择，有单栏、双栏、单行 3 种样式。

自动折叠图标面板：如图 1-35，当鼠标在除面板外其他位置单击时，面板自动关闭，折叠为图标面板样式。

自动显示隐藏面板：当按下 Tab 键后，工具箱和面板会自动隐藏，开启该项功能后，当鼠标移动到文档窗口边缘时，工具箱和面板会自动显示。

以选项卡方式打开文档：当取消该选项后，打开文档时以浮动窗口的形式打开，而不是默认以选项卡的形式打开。

图 1-35 自动折叠图标面板

启用浮动文档窗口停放：如果不启用该项，则图 1-36 中两个文档"未命名-1"与"未命名-2"以浮动窗口形式显示，且无法重新合并到一起。

图 1-36 选项卡方式打开文档

4. 选项

选项设置主要针对手形工具在拖动文档时使用，决定图形、图片或文本框是否以灰条化形式显示，相关设置不再赘述。

三、文档排列

当同时打开多个文档时，窗口的排列形式在 InDesign 中有多种方案，用户可以根据自己的习惯和工作需要选择恰当的方式。本文主要介绍常用的几种方式。

1. 选项卡式

选项卡式排列文档窗口是 InDesign 默认的排列方式，仅显示当前选项卡的文档，如需要查看或编辑其他文档时，通过选项卡切换对应文档即可。

2. 多窗口选项卡

当打开多个文档时，通过排列文档下拉菜单选择对应的排列样式，多个文档选定的排列样式自动切换为多窗口的形式，每个窗口上均可放置多个不同文档，形成多窗口选项卡排列样式。

图 1-37 排列文档

在图 1-37 的排列文档下拉菜单中，如当前打开的文档数目少于两个时，默认只有一个选项卡，不启动多窗口选项卡。

3. 浮动窗口

浮动窗口有两种方式：一是层叠窗口，二是平铺窗口。这是目前大多数软件所具备的多窗口显示方式。

4. 拆分窗口

拆分窗口模式可以将同一个文档以两个窗口的形式显示，便于查看和编辑同一个文档但不同位置的相关内容。如图 1-38 所示，当前两个窗口显示的是同一个文档的不同位置。选择菜单，执行：窗口／排列／分析窗口，即可实现图 1-38 的操作。

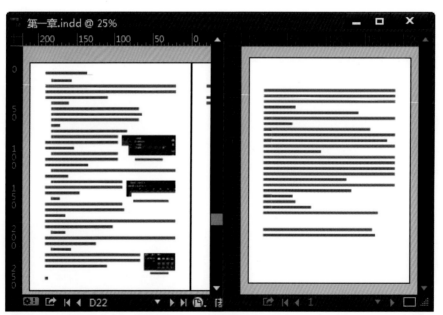

图 1-38 拆分窗口

四、自定义工作区保存参数

工作区允许自定义，当下次启动软件时可以选择自定义的工作区。工作区仅保存当前窗口中面板的布局样式，对其中的大部分参数并不进行保存。

第四节 工具箱的使用

InDesign 的工具箱共有 30 多个，包括选择工具、绘图和文字工具、变换工具、修改和导航工具 4 类，图 1-39 即为 Adobe InDesign CC 2014 的工具箱，本节我们对常用工具的常用功能以案例形式做说明。

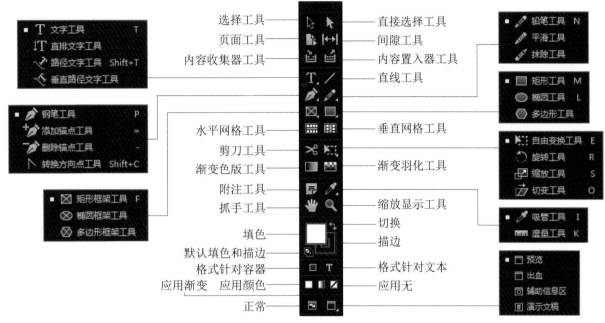

图 1-39 工具箱

一、选择工具

选择工具快捷键为 V，主要功能如下文所述。

1. 移动对象

如图 1-40 是选中外部置入的图片，图 1-41 是选中 InDesign 椭圆工具设计的图形，当选中外部置入的图片时，在图片的周围出现 8 个控制手柄。当鼠标在图 1-40 的图中位置拖拉图片时可以移动图片位置，当鼠标在图正中央圆圈处移动图片时，则是移动图片在图片容器中的位置，而容器本身的位置未移动。图 1-41 是用椭圆工具绘制并填充颜色形成的图形，因此，当鼠标在图中任意位置点击移动图形时，都可以移动图形位置。

图 1-40 选中图片　　图 1-41 选中图形

2. 裁剪图片与调整图形大小

如图 1-42 所示，将鼠标移动到图片周围任意一个控制手柄处时，鼠标都会变为双向箭头样式，此时拖拉鼠标即可实现对图片的裁剪操

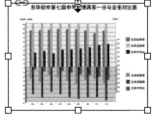

图 1-42 裁剪

作，此操作通过缩小图片容器尺寸的方法裁剪图片，将图片容器恢复原始尺寸时，图片也自动恢复。这里的裁剪操作并未对图片本身进行任何裁剪。

将上述操作应用到图形时，可实现对图形大小的调整。

二、直接选择工具

1. 调整路径

直接选择工具可以应用于路径、容器中的图片。如图 1-43 所示，当直接选择工具移动到路径上时，路径上的关键点就会出现控制手柄，通过拖拉这些控制手柄即可改变路径的形状。此工具结合添加锚点工具可以调整关键点的数量，设计更复杂的路径效果。

2. 调整框架中的图形或图片

如图 1-44，文字被创建轮廓后作为不规则框架的形式显示，在其内部粘贴图片后形成一个设计效果。使用直接选择工具移动到非路径区域时，该图片的边框周围显示出棕黄色的矩形框，其周围有八个控制手柄，如图 1-44。此时可移动内部图片，结合变换类工具，如自由变换工具等，可调整该图片的形状。

图 1-43 调整路径

图 1-44 调整图片

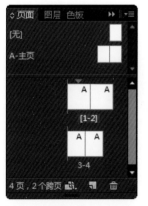

图 1-45 页面工具

三、页面工具

在该软件的默认情况下，所有的页面尺寸与页边距等参数跟随主页的设定而定，同一主页下的所有页面尺寸与页边距参数是相同的。通过页面工具我们可以在文档中单独调整某个或某几个页面的尺寸或页边距参数，利用该功能可以在书籍或宣传文档中做小折页，实现个性化的排版效果。如图 1-45，在使用同一个主页 A 的情况下，1～2 页的尺寸与 3～4 的尺寸不同，1～2 页即使用页面工具调整后的效果。

图 1-45 的效果除使用页面工具实现外，使用"应用不同尺寸的主页"也可以实现相同效果。

四、间隙工具

间隙工具用于调整对象与对象间、对象与页边距间的间距大小。使用间隙工具调整间隙时，可以更改对象的原始尺寸。如图 1-46，当鼠标移动到两个对象间或对象与页边距间时，鼠标变为间隙工具图标，此时拖拉上下左右可以调整间隙大小。当调整了间隙后，图中黄、蓝两个对象的尺寸会被改变，如图1-47所示。

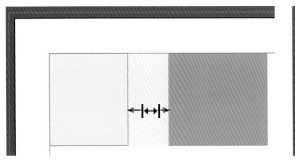

图1-46 调整间隙前

图1-47 调整间隙后

五、内容收集器工具

内容收集器工具与内容置入器工具是结合使用的，将指定的图片、文本框等对象放置到内容收集器工具中，使用内容置入器工具将收集器中的对象按照定义的映射样式（包括段落样式、字符样式等），置入当前文档的指定页面或当前打开的其他文档的指定页面中。内容收集器工具与内容置入器工具相

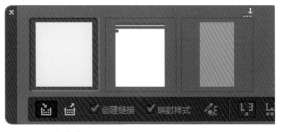

图1-48 内容收集器工具

当于升级版的复制与粘贴功能，不仅可以复制对象，而且允许按照预定的文本格式粘贴对象，还可以与源对象建立关联。当源对象更改后，所粘贴的对象出现黄色叹号更新提示，如果需要更新，手动更新即可，如图1-48所示。

六、文字类工具

义字类工具包含4个，分别是文字工具、直排文字工具、路径文字工具、垂直路径文字工具。

使用文字工具与垂直文字工具输入文字时，首先选择该工具，在页面中拖拉鼠标绘制一个文本框对象，在文本框对象中输入文字。当新建文档时，默认只有一个图层，该文本框即被创建在第一个图层里。默认第一个图层的文本框边框为淡蓝色。图1-49即为文字工具。

> 文字类工具包含4个，分别是文字工具、直排文字工具、路径文字工具、垂直路径文字工具。
> 使用文字工具与垂直文字工具在输入文字时，首先选择该工具，|

图1-49 文字工具

使用路径文字工具与垂直路径文字工具输入文字时，首先使用钢笔工具在页面中绘制一个路径，再选择路径文字工具或垂直路径文字工具，将鼠标移动到路径上单击输入文字。

图1-50是使用路径文字工具得到的效果，在此

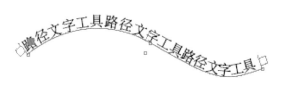

图1-50 路径文字工具

效果上使用直接选择工具和转换方向点工具可以选中路径、调整路径曲线、更改径颜色或隐藏路径等。图 1-51 是使用垂直路径文字工具得到的效果，选中已输入的垂直路径文字对象，在垂直路径文字工具上双击鼠标，在弹出的对话框中可以设置路径文字效果。

图 1-51 垂直路径文字工具

七、直线工具

直线工具可以绘制各种不同样式的直线，结合添加锚点工具和删除锚点工具使用，不仅可以绘制直线，还可以绘制各种形状的折线。

八、钢笔工具

为了便于讲解，我们把钢笔工具、添加锚点工具、删除锚点工具和转换方向点工具归为钢笔工具一类。

1. 钢笔工具

使用钢笔工具可以十分方便地绘制各种图形，快捷键是 P。

2. 添加锚点工具

添加锚点工具可以为选定的路径添加锚点，结合直接选择工具与转换方向点工具可以制作更为复杂的图形样式。将鼠标移动到路径上，当鼠标变为 时即可为当前路径添加锚点，快捷键是 +。

3. 删除锚点工具

将鼠标移动到路径上的锚点位置，当鼠标变为 时点击鼠标，即可删除当前锚点，快捷键是 -。

4. 转换方向点工具

当鼠标变为 时，将鼠标移动到锚点上调整锚点的方向点，修改路径的弯曲方向，制作不同形状的路径或图形，快捷键是 Shift+C。

九、铅笔工具

为了便于讲解，我们将铅笔工具、平滑工具和抹除工具归为一类讲解。

1. 铅笔工具

铅笔工具可以绘制任意形状的曲线或图形，自动生成锚点，并可任意调整其形状，快捷键是 N。

2. 平滑工具

铅笔工具绘制的路径具有较大的自由性，曲线不平滑，使用平滑工具在这些路径上多次绘制，可以使路径更加平滑。

3. 抹除工具

抹除工具可以在选定路径上多次绘制，可以抹除路径。

十、框架类工具

我们把矩形框架工具、椭圆框架工具、多边形框架工具归为一类讲解。这类工具的作用是绘制框架，框架中可以填充颜色制作图形，可以当作容器置入图片，区别仅在于 3 个工具绘制的形状有所不同。

图 1-52 六边形

使用任意一个工具在页面中双击鼠标时，弹出相应的参数设置对话框，设置所要绘制图形的宽度与高度或多边形的边数等信息，图 1-52 是绘制 3 个六边形后置入图片形成的效果图。

十一、矩形类工具

我们把矩形工具、椭圆工具、多边形工具归为一类讲解。使用矩形类工具在页面中绘制图形时，结合添加锚点工具等可以制作更为复杂的图形。选择任意一个矩形类工具在页面上单击可弹出参数设置对话框，设置矩形、椭圆或多边形的相关参数。

十二、水平网格工具与垂直网格工具

该工具的相关说明参见第一章中"版面"相关内容，此处不再赘述。

十三、剪刀工具

剪刀工具主要用于将路径或框架拆分为各自独立的两个部分。

十四、变换类工具

我们把自由变换工具、旋转工具、缩放工具、切变工具归为一类进行讲解。它们有一个共同的作用，即改变图形或框架的形状。

1. 自由变换工具

自由变换工具的快捷键是 E，用于调整对象大小。按住 Shift键的同时可等比例缩放对象；按住 Shift+Alt 键的同时缩放对象，则是以对象的中心为原点，四周同时向中间缩放。

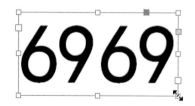

图 1-53 同时调整对象的高度和宽度

当鼠标移动到对象的四个角的控制手柄处时，鼠标变为双向箭头样式，如图 1-53，此时拖拉鼠标可以同时在高度或宽度两个方向上调整图形大小，如果该对象是文字，则文字的字号自动变大。

当鼠标移动到对象四条边中间的 4 个控制手柄处时，鼠标变为双向箭头样式，如图 1-54，此时拖拉鼠标可以在水平方向上调整图形大小。

当鼠标移动到对象的 4 个角的控制手柄外边时，鼠标变为带弧线的双向箭头，如图 1-55，此时拖拉鼠标可以旋转该对象的方向。

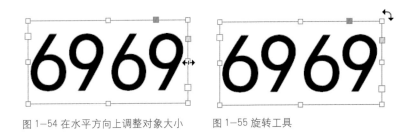

图 1-54 在水平方向上调整对象大小　　图 1-55 旋转工具

2. 旋转工具

旋转工具主要用于旋转选定的对象，如图 1-56 所示，选中对象后拖动鼠标即可让选定的对象围绕着参考点旋转，可以通过鼠标点击来指定对象的参考点，也可以直接用鼠标拖动参考点。输入旋转度值可以精确调整旋转角度。

3. 缩放工具

缩放工具是以参考点为中心来缩放对象的。

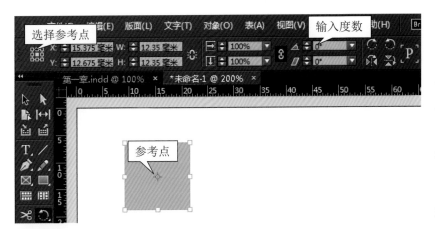

图 1-56 旋转对象

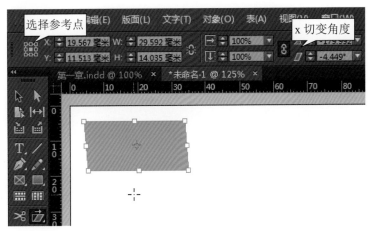

图 1-57 切变对象

4. 切变工具

切变工具会让对象以参照点为轴进行变形，如图 1-57 所示。

切变对象可以使用鼠标拖拉切变，也可以在图 1-57 中的"X 切变角度"输入准确的数值来实现。

在变换类工具中，旋转工具、缩放工具、切变工具的常用功能均可用自由变换工具代替。比如，在图 1-55 中，当鼠标移动到对象 4 个控制手柄外时，鼠标变为带弧线的双向箭头，此时自由变换工具可以代替旋转工具旋转对象。在图 1-53 中，当鼠标移动到对象 4 个角的控制手柄上时，鼠标变为双向箭头，此时自由变换工具可以代替缩放工具缩放对象。当使用自由变换工具在对象的任意一个控制手柄上拖拉鼠标时按下 Ctrl 键（先拖拉鼠标后按 Ctrl 键），自由变换工具即可代替切边工具实现对象的切边功能。

十五、渐变色板工具

渐变色板工具的快捷键是 G，使用该工具为选定的对象绘制渐变色彩。双击渐变色板工具弹出"渐变"面板，渐变类型有线性与径向两种，如图 1-58 与图 1-59。

InDesign 可以为对象填色、描边，填色指的是为对象内部填充颜色，描边指的是为对象边框设置颜色，渐变色板工具可以为填色与描边分别设置渐变色。

如图 1-60 所示，可以将常用渐变色添加到色板，其他对象用到相同渐变色时可通过色板直接套用。

在渐变色板的颜色渐变条下方单击鼠标，可以添加多个渐变色关键点，可更改当前关键点的颜色。当将渐变色添加到色板后，通过色板即可直接使用该渐变色，如图 1-61 所示。

十六、渐变羽化工具

渐变羽化工具的快捷键是 Shift+G，通过该工具在对象上拖拉即可给对象添加较为简单的羽化效果，通过"效果"面板可以给对象添加更为复杂的羽化效果，如图 1-62。

渐变羽化工具提供基本羽化、定向羽化、渐变羽化 3 种不同样式的羽化效果，羽化效果可以通过图 1-62 在控制面板中添加，也可以通过"效果"面板（快捷键 Ctrl+Shift+F10）添加效果。

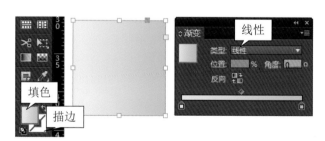

图 1-58 线性渐变

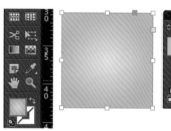

图 1-59 径向渐变

图 1-60 添加到色板

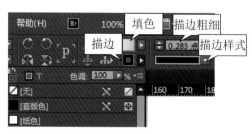

图 1-61 填色与描边

图 1-62 添加羽化效果

十七、附注工具

附注工具可为正文添加附注，作为图标▮的形式显示在正文中。当选择附注工具后，鼠标变为▯，此时在需要添加附注的位置单击鼠标，弹出图1-63的面板，在该面板中输入附注文字即可。在输入正文过程中，可以通过新建按钮添加新的附注。

在 InDesign 中，附注可以与正文相互转换，在正文中选择指定的文字单击鼠标右键，在弹出的菜单中选择"转为附注"即可。

图 1-63 附注工具

十八、吸管工具

吸管工具的快捷键是 I，选择吸管工具后在文字上单击，鼠标变为 ✎，此时吸管工具已经拾取了当前文字的样式，包括字体、字号、行间距、字间距等字符样式与段落样式。将鼠标在目标文字上拖拉将其选中，目标文字将应用相同的样式。

十九、度量工具

度量工具的快捷键是 K，用于度量距离，比如度量两个对象间的间距以及某个对象的宽度或高度等。

二十、抓手工具

抓手工具的快捷键是 H，主要用于移动页面位置，便于在排版中查看页面。

二十一、缩放显示工具

缩放显示工具快捷键是 Z，用于缩放页面，便于在排版中查看页面，按下快捷键 Alt 在放大与缩小之间切换。

二十二、其他工具

在工具箱中除了以上介绍的 20 多个工具外，还有几个与颜色和预览相关的按钮，下面我们对它们的功能做简要说明。

在图 1-64 中，填色、描边、切换、默认填色和描边是一组按钮，在实际操作中需结合使用。

填色：为对象填充颜色。

描边：为对象添加描边色。

切换：切换填色与描边。

默认填色和描边：单击该按钮后填色与描边恢复默认，即描边是黑色，填充为无。

格式针对容器、格式针对文本是一组配合使用的按钮，主要针对带有文字的对象使用。

如图 1-65 中，选择格式针对容器后，填色与描边自动切换到填色，填充黄色后文字背景即变为黄色；当选择格式针对文本后，填色与描边自动切换到描边，填充红色后，描边即变为红色。

应用渐变、应用颜色、应用无 3 个按钮是配合使用的一组按钮。

正常、预览、出血、辅助信息区、演示文稿模式是一组配合使用的按钮，在排版过程中用于切换页面预览方式，便于整体查看排版情况。

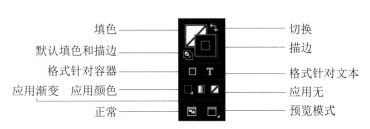

图 1-64 工具箱中的其他按钮

为了便于讲解，我们把矩形框架工具、椭圆框架工具、多边形框架工具归为一大类讲解，这类工具的作用是绘制框架，框架中可以填充颜

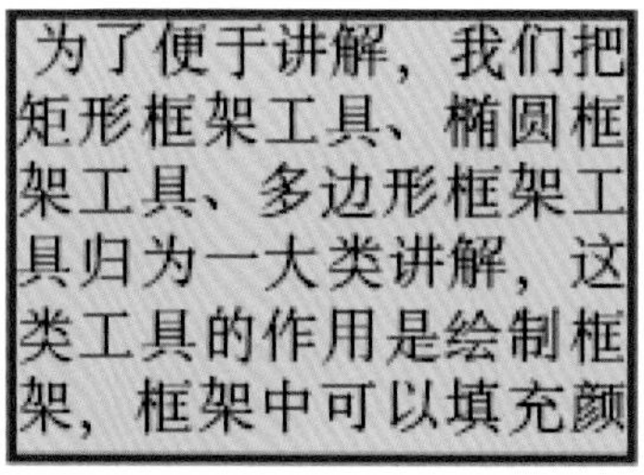

图 1-65 填色与描边

第五节 排版色彩设计技巧

一、同类色搭配

同类色是指色彩性质相同，但色度深浅不一，且在色相环的 15° 夹角内的颜色。如深蓝和浅蓝、中黄和柠檬黄、深红和大红等。

优点：同类色搭配具有单纯、朴素、柔和的特性。

缺点：容易使画面显得简单、单调。

改进方法：加入少量对比色，或加大色彩明度与纯度的对比。

下面提供几种同类色搭配案例：图 1-66、图 1-67。

图 1-66 同类色搭配

炎炎夏日 尽享清凉

天然活性炭成分，像磁石般有效吸走毛孔内的油脂及深层污垢；

深层洁肤的同时，能保持皮肤干净清爽，滋润不干燥；

洋甘菊提取精华，可舒缓敏感皮肤及滋润粗糙皮肤；

气味清新，令人精神焕发。

图 1-67 同类色搭配案例

所谓邻近色，就是在色相环上相邻近的颜色，例如绿色和蓝色、红色和黄色。邻近色之间往往是你中有我、我中有你，虽然它们在色相上有很大差别，在视觉上却比较接近。在色相环中，凡相距90°的颜色都属邻近色的范围。

优点：邻近色搭配时统一感强，色彩丰富且有一定的变化。

缺点：色相的类似容易使画面显得单调。

改进方法：改变色彩的纯度、明度、面积大小，增加画面的主次关系、虚实关系。

下面提供几种邻近色的搭配方案：图1-68、1-69。

图1-68 邻近色搭配

52-79-100-24	28-87-0-0	0-16-17-0

75-55-100-20	52-0-96-0	5-0-33-0

44-80-100-9	4-20-78-0	4-6-46-0

62-71-18-0	21-31-0-0	8-75-5-0

93-71-30-0	49-1-28-0	12-1-19-0

93-71-30-0	49-1-28-0	0-23-24-0

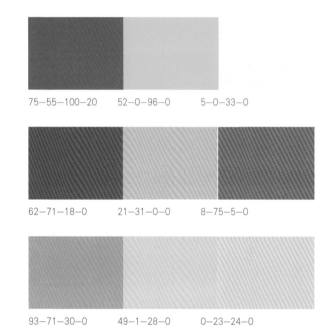

图1-69 邻近色搭配案例

三、对比色与互补色搭配

对比色是在色相环上相距最远的色彩，色相差别较大，如红色与蓝色、蓝色与黄色等。互补色在色相环上位于对立的两端，色相差别最大，如橙色与蓝色、黄色与紫色、红色与绿色等。

优点：对比色、互补色搭配主体突出，对比强烈、刺激。

缺点：面面容易出现生硬的效果，易导致疲劳。

改进方法：改变纯度、明度的变化，改变色彩面积，可在画面中搭配黑、白、灰等中性色，减弱对比以求得画面的统一。

下面提供几种对比色与互补色搭配方案：图 1-70 ~ 图 1-73。

图 1-70 对比色搭配

图 1-71 互补色搭配

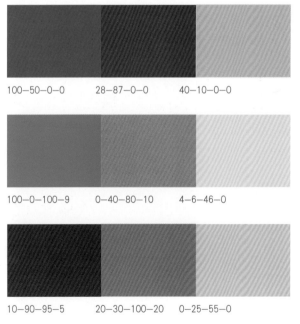

图 1-72 对比色搭配方案

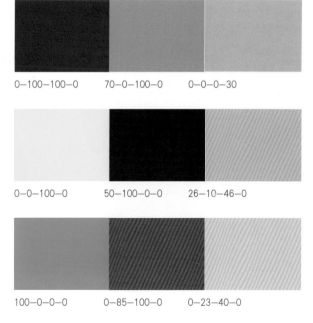

图 1-73 互补色搭配方案

四、黑白灰色系搭配

黑白灰在色彩学中属于无彩色系列，它们的搭配是一种被公众普遍认可的色彩组合。黑白灰具有强烈的抽象表现力及神秘感，平面设计中很好地使用黑白灰往往能营造出庄重、深沉、高雅、和谐的设计品位。

优点：具有高雅、知性、洗练的美感。

缺点：如果黑色用得过多版面会显得沉闷、压抑；黑白两色组合会显得比较极端。

解决办法：控制好各种颜色的比例，用灰色将黑白两色统一起来。

图 1-74 黑白灰搭配案例

五、平面排版色彩模式

使用 InDesign 排版时，经常需要在画图的
时候用到各种色彩，为了能获得精准的颜色，
可在拾色器中输入具体的数值。方法是双击颜
色图标，弹出"拾色器"对话框，然后依次输
入 CMYK 值，如图 1-75。

CMYK 颜色模式使用 4 种颜色：青（C）、
品红（M）、黄（Y）和黑（K），重现彩色照片。
该颜色模式是以打印在纸上的油墨对光线产生
反射特性为基础的。当白光照射到半透明油墨

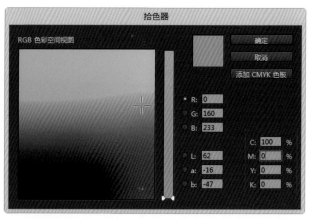

图 1-75 拾色器

上时，白光中的一部分颜色被吸收，而另一部分颜色被反射回眼睛。一方面反射某些颜色的光，
另一方面吸收其他颜色的光，油墨就可以产生颜色。黑色油墨吸收的光最多，因为 CMYK 颜
色模式是以墨的颜色为基础的，所以百分比越高，颜色越暗。

对于没有设计经验的年轻设计工作者来说，通过拾色器直接输入 CMYK 数值不是一件容
易的事，尤其是在每台显示器的显色效果都不相同，电脑上看到的颜色与印刷出来的颜色相去
甚远的情况下，如何解决这个问题？方法有两个：一是经常与资深的设计师交流，分析各种常
用的数值；二是买一些专门的配色书籍来参考。目前，市场上有一些专门的配色书籍，其中提
供了各种各样的配色方案，并且每个色块都已标出相应的 CMYK 数值，这是很不错的选择。（图
1-76）

C: 000 M: 000 Y: 000 K: 100	C: 000 M: 000 Y: 000 K: 090	C: 000 M: 000 Y: 000 K: 080	C: 000 M: 000 Y: 000 K: 070	C: 000 M: 000 Y: 000 K: 060	C: 000 M: 000 Y: 000 K: 050	C: 000 M: 000 Y: 000 K: 040	C: 000 M: 000 Y: 000 K: 030	C: 000 M: 000 Y: 000 K: 020	C: 000 M: 000 Y: 000 K: 010
C: 000 M: 100 Y: 100 K: 000	C: 000 M: 090 Y: 090 K: 000	C: 000 M: 080 Y: 080 K: 000	C: 000 M: 070 Y: 070 K: 000	C: 000 M: 060 Y: 060 K: 000	C: 000 M: 050 Y: 050 K: 000	C: 000 M: 040 Y: 040 K: 000	C: 000 M: 030 Y: 030 K: 000	C: 000 M: 020 Y: 020 K: 000	C: 000 M: 010 Y: 010 K: 000
C: 100 M: 100 Y: 000 K: 000	C: 100 M: 090 Y: 000 K: 000	C: 100 M: 080 Y: 000 K: 000	C: 100 M: 070 Y: 000 K: 000	C: 100 M: 060 Y: 000 K: 000	C: 100 M: 050 Y: 000 K: 000	C: 100 M: 040 Y: 000 K: 000	C: 100 M: 030 Y: 000 K: 000	C: 100 M: 020 Y: 000 K: 000	C: 100 M: 010 Y: 000 K: 000
C: 100 M: 000 Y: 100 K: 000	C: 090 M: 000 Y: 090 K: 000	C: 080 M: 000 Y: 080 K: 000	C: 070 M: 000 Y: 070 K: 000	C: 060 M: 000 Y: 060 K: 000	C: 050 M: 000 Y: 050 K: 000	C: 040 M: 000 Y: 040 K: 040	C: 030 M: 000 Y: 030 K: 000	C: 020 M: 000 Y: 020 K: 000	C: 010 M: 000 Y: 010 K: 000
C: 060 M: 040 Y: 000 K: 040	C: 060 M: 000 Y: 020 K: 020	C: 060 M: 000 Y: 020 K: 000	C: 040 M: 000 Y: 000 K: 000	C: 040 M: 000 Y: 040 K: 000	C: 060 M: 000 Y: 060 K: 020	C: 060 M: 000 Y: 040 K: 020	C: 060 M: 000 Y: 040 K: 040	C: 040 M: 000 Y: 020 K: 040	C: 040 M: 000 Y: 020 K: 060
C: 020 M: 020 Y: 000 K: 000	C: 040 M: 040 Y: 000 K: 000	C: 040 M: 040 Y: 000 K: 020	C: 060 M: 060 Y: 000 K: 000	C: 040 M: 040 Y: 000 K: 060	C: 060 M: 040 Y: 000 K: 000	C: 040 M: 020 Y: 000 K: 040	C: 060 M: 040 Y: 040 K: 000	C: 020 M: 000 Y: 000 K: 060	C: 020 M: 000 Y: 000 K: 080
C: 040 M: 000 Y: 100 K: 000	C: 020 M: 000 Y: 060 K: 020	C: 020 M: 000 Y: 060 K: 000	C: 000 M: 000 Y: 060 K: 000	C: 000 M: 000 Y: 060 K: 020	C: 000 M: 020 Y: 100 K: 000	C: 000 M: 040 Y: 080 K: 000	C: 000 M: 020 Y: 060 K: 020	C: 000 M: 000 Y: 040 K: 040	C: 020 M: 000 Y: 040 K: 040
C: 000 M: 000 Y: 100 K: 000	C: 000 M: 050 Y: 100 K: 000	C: 000 M: 060 Y: 080 K: 000	C: 000 M: 020 Y: 020 K: 060	C: 000 M: 020 Y: 040 K: 040	C: 000 M: 020 Y: 040 K: 060	C: 000 M: 000 Y: 020 K: 040	C: 020 M: 000 Y: 020 K: 040	C: 000 M: 000 Y: 040 K: 000	C: 020 M: 000 Y: 040 K: 020
C: 000 M: 020 Y: 040 K: 000	C: 000 M: 040 Y: 060 K: 000	C: 000 M: 060 Y: 080 K: 020	C: 000 M: 060 Y: 060 K: 000	C: 000 M: 060 Y: 060 K: 040	C: 000 M: 060 Y: 040 K: 020	C: 000 M: 060 Y: 020 K: 020	C: 000 M: 040 Y: 020 K: 040	C: 000 M: 060 Y: 000 K: 040	C: 000 M: 040 Y: 000 K: 060
C: 000 M: 040 Y: 040 K: 000	C: 000 M: 040 Y: 020 K: 000	C: 000 M: 040 Y: 060 K: 020	C: 000 M: 040 Y: 000 K: 000	C: 000 M: 040 Y: 000 K: 020	C: 000 M: 020 Y: 000 K: 040	C: 000 M: 020 Y: 000 K: 020	C: 020 M: 040 Y: 000 K: 020	C: 020 M: 060 Y: 000 K: 000	C: 020 M: 060 Y: 000 K: 020
C: 020 M: 040 Y: 000 K: 000	C: 040 M: 060 Y: 000 K: 000	C: 020 M: 040 Y: 000 K: 060	C: 020 M: 040 Y: 000 K: 040	C: 040 M: 060 Y: 000 K: 040	C: 060 M: 080 Y: 000 K: 000	C: 060 M: 080 Y: 000 K: 020	C: 000 M: 060 Y: 040 K: 000	C: 000 M: 050 Y: 040 K: 000	C: 000 M: 040 Y: 020 K: 020
C: 000 M: 100 Y: 060 K: 000	C: 040 M: 100 Y: 000 K: 000	C: 000 M: 100 Y: 000 K: 000	C: 000 M: 090 Y: 000 K: 000	C: 040 M: 080 Y: 000 K: 020	C: 020 M: 080 Y: 000 K: 020	C: 020 M: 080 Y: 000 K: 000	C: 000 M: 070 Y: 000 K: 000	C: 000 M: 050 Y: 000 K: 000	C: 000 M: 080 Y: 040 K: 000

图 1–76 CMYK 色谱图

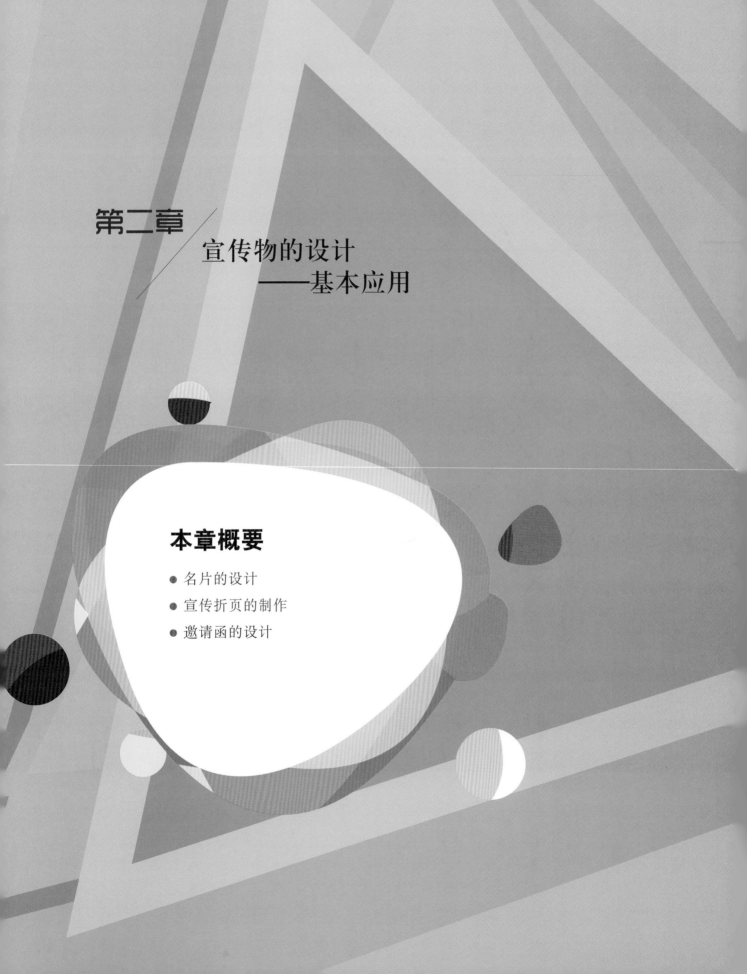

第二章

宣传物的设计
——基本应用

本章概要

- 名片的设计
- 宣传折页的制作
- 邀请函的设计

第一节 名片的设计

一、案例一

本案例主要讲解名片的设计。名片设计要求简洁大方，主要包含企业 Logo、姓名、职务、企业名称和地址、企业与个人的联系方式等信息，如图 2-1 所示。

本案例讲解内容包括图形设计、渐变色应用、路径添加与调整锚点、文字字体设置、字号与颜色的调整、文字的对齐方式、图片的置入方式。

01 选择菜单，执行：文件／新建／文档命令，在弹出的图 2-2"新建文档"对话框中取消"对页"，选择页面大小为"转至名片 4"，页面方向选择横向，其他参数保持默认，单击"边距和分栏"。

02 在图 2-3"新建边距和分栏"对话框中更改上、下、左、右边距为"4 毫米"，其他参数保持默认。

03 在图 2-4 中选择矩形工具，绘制一个矩形，设置填充颜色为无，描边为黑色，描边粗细默认。

图 2-1 名片 1

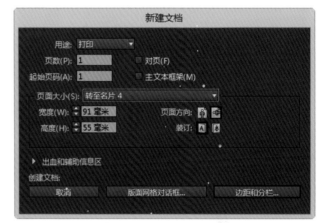

图 2-2 新建文档

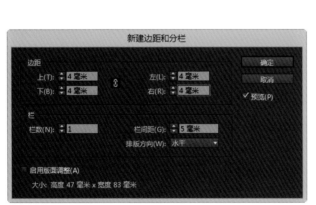

图 2-3 新建边距和分栏

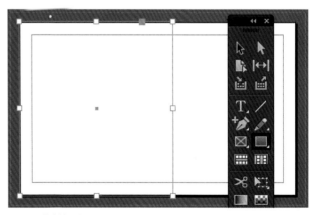

图 2-4 绘制矩形

04 在图 2-5 中选择添加锚点工具，在绘制的矩形右边的线上添加一个锚点，并使用直接选择工具将添加的锚点向左拖动到合适位置。

05 选择菜单，执行：窗口／颜色／渐变命令，弹出如图 2-6 中的"渐变"面板，选择类型为"线性"，分别设置左端颜色与右端颜色，单击左（右）端颜色关键点，设置左（右）端颜色。

06 在图 2-7 中按快捷键 F6 切换到"颜色"面板，设置 CMYK 值分别是 0、100、58、44，此颜色值为渐变色左端的颜色值。

07 在图 2-8 中切换到"渐变"面板，并单击右端"颜色"关键点。

08 在图 2-9 中切换到"颜色"面板，设置 CMYK 值分别是 0、68、100、0，此颜色值为渐变色右端的颜色值。此时，我们为了便于操作，选中填充了线性渐变的图层，按快捷键 L 将其锁定。

09 在图 2-10 中新建一个图层，使用矩形工具绘制一个矩形框，描边为黑色，粗细默认，填充色为无。这里设置描边的目的是为了在设计时便于查看绘制的矩形框。

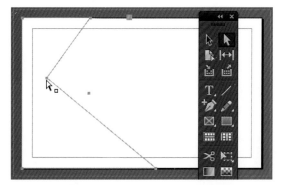

图 2-5 添加锚点

图 2-6 设置渐变色

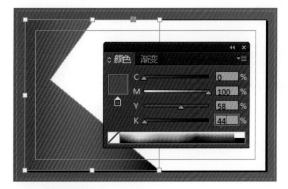

图 2-7 设置左端颜色

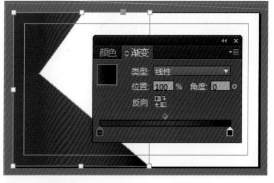

图 2-8 设置渐变色

图 2-9 设置右端颜色

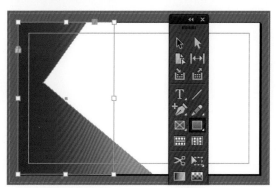

图 2-10 绘制矩形框

10 选中绘制的矩形框，按快捷键 F6，打开"颜色"面板，设置矩形框填充色 CMYK 值分别是 0、100、58、44，并在填充色处单击鼠标右键，在弹出的菜单中选择"添加到色板"，设置矩形框描边为无，如图 2-11 所示。

11 使用添加锚点工具，为刚绘制的矩形框添加锚点，并使用直接选择工具移动新添加的锚点到图 2-12 的位置。

12 置入公司 Logo 图片，选择菜单，执行：文件／置入命令，或按下置入快捷键 Ctrl+D，弹出如图 2-13 的"置入"对话框，在该对话框中找到需要置入的图片，单击打开。

InDesign 支持置入的文件格式十分丰富，比如常见的 bmp、png、jpeg、psd、ai、tiff、eps、pdf、wmf 等图片或矢量图形格式。

13 置入图形后效果如图 2-14 所示。只有置入的图片是透明素材才具有透明效果，比如 png、psd 或 ai、eps 图片等。

14 按下选择工具的快捷键 V 选中置入的 Logo 对象，按下自由变换工具的快捷键 E，将鼠标移动到对象的右上角，按住 Shift 键的同时向左下角拖拉鼠标，即可等比例缩放置入的

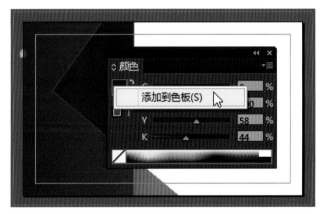

图 2-11 填充颜色

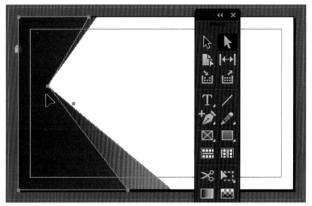

图 2-12 添加并调整锚点

图 2-13 置入图片

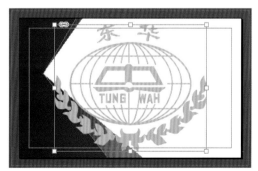

图 2-14 置入图片

Logo，调整到合适位置，完成效果如图 2-15 所示。

15 按下文字工具快捷键 T，鼠标变为 形状，在页面中按住鼠标拖拉绘制出文本框，并在文本框中输入文字信息，如图 2-16 所示。

16 在图 2-17 中按 Ctrl+A 全选文字，按下色板快捷键 F5 打开色板，选择在第 10 步中添加到色板的颜色，文字颜色自动应用 CMYK 值。

17 在图 2-18 中按下字符快捷键 Ctrl+T，弹出"字符"面板，分别设置字符样式。"李某某"与"业务经理"由于字号不同导致文字底部不能对齐，此时选中"业务经理"调整基线偏移值为"-2"，完成效果如图 2-18 所示。

18 重复第 15、16、17 步操作，输入其他文字信息，即可完成图 2-1 的名片制作。

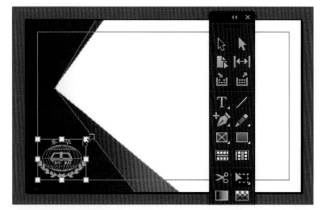

图 2-15 调整图片大小

图 2-16 绘制文本框，输入文字

图 2-17 使用色板更改文字颜色

图 2-18 调整文字格式

二、案例二

本实例（图 2-19）主要使用以下功能：

绘制直线与调整直线样式。

添加锚点工具与转换方向点工具的使用。

01 选择菜单，执行：文件／新建／文档命令，在弹出的图 2-20 "新建文档"对话框中取消对页，选择页面大小为"转至名片4"，页面方向选择横向，其他参数保持默认，单击"边距和分栏"。

02 在图2-21"新建边距和分栏"对话框中更改上、下、内、外边距为"4毫米"，其他参数保持默认。

03 在图2-22中选择矩形工具绘制矩形框，铺满整个页面，并设置矩形框描边为无。

04 按快捷键F6，弹出"颜色"面板，在图2-23的"颜色"面板右上角单击 按钮，在弹出的菜单中选择CMYK，并设置CMYK值分别是82、0、25、0，作为矩形框的填充色。

05 按下直线工具的快捷键 \，在图2-24中按住Shift键的同时拖拉鼠标绘制一条直线。当不按Shift键直接拖拉鼠标时，可以绘制带有任意倾斜度的直线。

图2-19 名片2

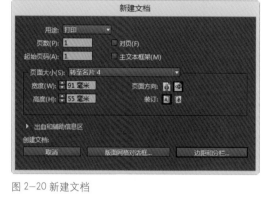

图2-20 新建文档

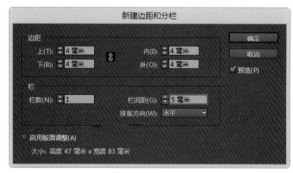

图2-21 新建边距和分栏

图2-22 绘制矩形框

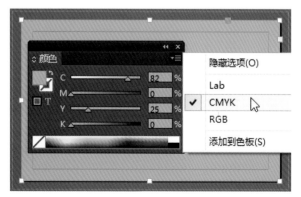

图2-23 填充颜色

图2-24 绘制直线

06 选中绘制的直线，按色板快捷键 F5，打开色板，选择白色（纸色），更改绘制的直线描边颜色为白色，如图 2-25 所示。

07 选中绘制的直线，按快捷键 F10，打开"描边"面板，在面板中设置粗细为 5 点，描边类型选择"粗-细"类型，其他参数保持默认，如图 2-26 所示。

08 按下直线工具的快捷键 \，在图 2-27 中绘制一条斜线，使用色板将描边颜色设置为白色。

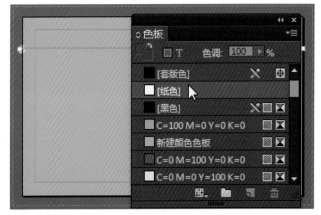

图 2-25 调整描边颜色

图 2-26 调整描边粗细的值

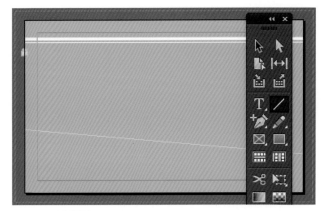

图 2-27 绘制斜线

09 选择添加锚点工具的快捷键 +，在绘制的直线中间添加一个锚点，选择直接选择工具的快捷键 A 将锚点适当向下拖拉，调整锚点位置。选择转换方向点工具，快捷键是 Shift+C，调整关键点处线的弧度，完成效果如图 2-28 所示。

10 按下选择工具的快捷键 V 后选中曲线，按下 Alt 的同时拖动曲线，完成复制，复制 3 次曲线，并依次调整曲线间距，使 4 条曲线间距均等。如图 2-29 所示。

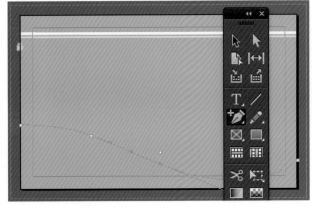

图 2-28 调整绘制的直线

图 2-29 复制曲线

图 2-30 输入文字

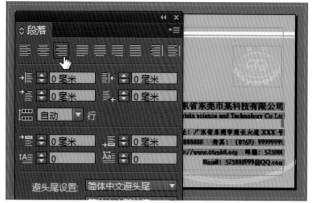

图 2-31 调整文字对齐方式与置入图片

11 按下文字工具的快捷键 T，在页面中绘制文本框，分别输入相应的文字信息，并调整文字的字体、字号参数，完成效果如图 2-30 所示。

12 按快捷键 T 切换到文字工具，在图 2-31 文字信息中单击，按 Ctrl+A 全选该段文字，按下"段落"面板的快捷键 Ctrl+Alt+T，在面板中选择右对齐文字，完成文字右对齐操作。按下置入图片工具的快捷键 Ctrl+D，置入 Logo，并调整大小与位置，完成名片的制作。

三、案例欣赏

InDesign 内置两种尺寸的名片，一种是 91×55 毫米，一种是 85×49 毫米，这两种尺寸的名片支持高度与宽度的自定义操作，在实际应用中根据需要自行设定即可。本节内容列举的案例均是横向的名片，在新建文档时，可以根据实际需要调整名片方向为横向或纵向。(图 2-32～图 2-37)

使用个人名片的制作方法，还可以设计制作 VIP 会员卡、贵宾卡等各种商业宣传卡片，其制作过程与名片制作过程相同，不再赘述。

图 2-32 名片 3

图 2-33 名片 4

图 2-34 名片 5

图 2-35 名片 6

图 2-36 名片 7

图 2-37 名片 8

第二节 宣传折页的制作

宣传折页是应用十分广泛的一种宣传物形式，主要用于企业宣传、学校招生宣传、工作室宣传、教育培训中心宣传等，是最常见、最常用的一种宣传形式。由于它纸张小，信息量相对精炼集中，具有良好的视觉效果，因此可以达到最佳的宣传效果。

图 2-38 是一所学校宣传折页的封面与封底，该封面与封底采用对折的设计样式，左侧是封底，右侧是封面。我们以此为例，介绍封面与封底的设计方法。

对折的页面，在新建文档时关于文档尺寸有两种思路可以参考，一是页面尺寸是图 2-38 中的一半大小，二是页面尺寸与图 2-38 中的尺寸一样。无论使用哪种思路设计文档，在制作时都需要保证整个设计的协调与统一。

一、案例一

本案例主要涉及以下操作：

文字的输入与调整。

图片置入、图片描边与透明度设置。

使用直线工具绘制直线。

东莞市东华初级中学
Dongguan City Donghua Junior High School

2015 年小升初
招生宣传册
The Enrollment Brochures

教育要面向现代化 面向世界 面向东莞

地址：广东省东莞市莞长大道 33 号东华初级中学
电话：22696993（兼传真）
网站：www.dhcz.cc
邮编：523128

中国·广东·东莞
2015 年

图 2-38 案例一

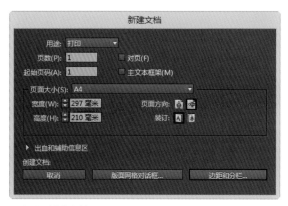

图 2-39 新建文档

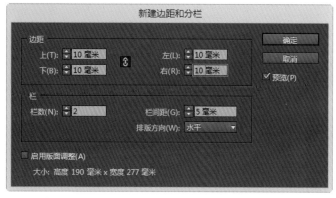

图 2-40 新建边距和分栏

01 选择菜单，执行：文件／新建／文档命令，快捷键是 Ctrl+N，弹出图 2-39 "新建文档"对话框，在该对话框中取消对页，选择页面大小为 "A4"，页面方向为横向，其他保持默认，单击 "边距和分栏" 按钮。

02 在图 2-40 "新建边距和分栏" 对话框中设置边距为 "10 毫米"，设置分栏栏数为 "2"，其他参数保持默认，单击确定。

03 选择矩形工具绘制矩形，完成效果如图 2-41 所示。

04 选中绘制的矩形，按 F6 快捷键打开"颜色"面板，输入 CMYK 值为 0、69、100、0，为矩形填充颜色，完成效果如图 2-42 所示。

05 选中矩形，选择菜单，执行：对象／角选项命令，弹出图 2-43"角选项"对话框，设置转角大小为"5 毫米"，选择转角样式为圆角，单击确定。

06 按快捷键 Ctrl+D 置入外部图片，单击图片，按下快捷键 Shift+F7，打开"对齐"面板，如图 2-44，在"对齐对象"一栏中分别单击水平居中对齐📍与垂直居中对齐按钮📍，将置入的图片居中。

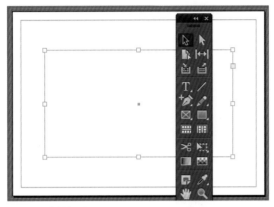

图 2-41 绘制矩形

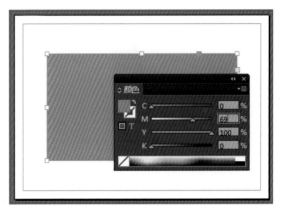

图 2-42 填充颜色

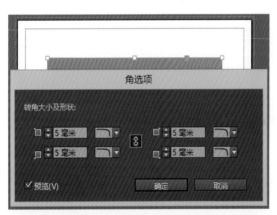

图 2-43 角选项

图 2-44 置入图形

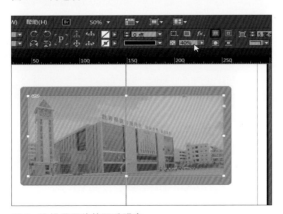

图 2-45 设置图片的不透明度

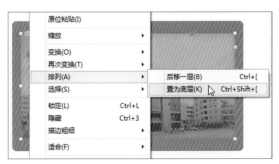

图 2-46 调整图片显示顺序

07 单击图片将其选中，在控制面板中设置图片的不透明度为 40%，如图 2-45 所示。

08 在图片上单击鼠标右键，在弹出的菜单中执行：排列／置为底层命令，快捷键是 Ctrl+Shift+[，将图片放置于矩形的下方，此时置入的图片被上层的黄色图形完全遮住。如图 2-46 所示。

09 单击黄色图形，选择菜单，执行：对象／效果／透明度命令，弹出如图 2-47 的对话框，在该对话框中的左侧单击"透明度"，在此面板右侧的基本混合模式下拉菜单处选择"饱和度"，单击确定。

10 使用直线工具 ✐ 绘制两条直线，选择添加锚点工具 ✐ 在直线上添加两个锚点，选择直接选择工具 ▶ 调整锚点位置，完成效果如图 2-48 所示。

11 按下"颜色"面板的快捷键 F6，打开"颜色"面板，单击"颜色"面板右上角 ▣ 按钮，将颜色模式切换到 CMYK，设置 CMYK 值为 38、5、100、0，完成后效果如图 2-49 所示。

图 2-47 设置图片饱和度

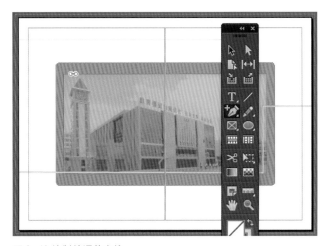

图 2-48 绘制并调整直线

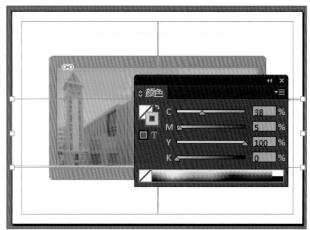

图 2-49 设置描边颜色

12 按下 F10，打开"描边"面板，在图 2-50 中设置上面一条直线的描边粗细为"1"，下面一条直线的描边粗细为"4"。

13 在工具箱中选择 T 文字工具，绘制 3 个文本框，分别输入对应的文字，按下快捷键 Ctrl+T，弹出"字符"面板，设置字体、字号并将文本框调整到图 2-51 中相应位置。

14 按下快捷键 Ctrl+Alt+T，打开"段落"面板，分别选中 3 个文本框，设置段落对齐样式，完成后效果如图 2-52 所示。

15 在工具箱中长按文字工具，在弹出的菜单中选择直排文字工具，在页面中绘制文本框，输入文字，并在段落对齐中设置文本居中对齐，完成效果如图 2-53 所示。

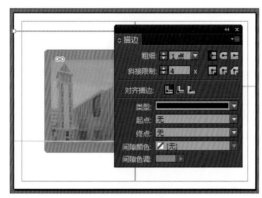

图 2-50 设置直线的描边粗细值

图 2-51 输入文字

图 2-52 调整文字对齐样式

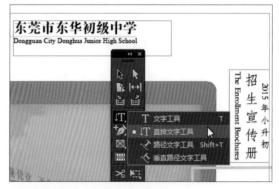

图 2-53 输入直排文字

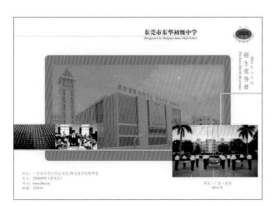

图 2-54 置入图片

图 2-55 设置图片的描边粗细值

16 按下置入图片工具的快捷键 Ctrl+D，置入 4 张外部图片，并分别调整到页面中的相应位置，完成效果如图 2-54 所示。

17 单击图片将其选中，按下描边工具的快捷键 F10，打开"描边"面板，设置描边粗细为"4点"，其他保持默认，如图 2-55 所示。

18 单击图片，将其选中，按下 F6，弹出"颜色"面板，在面板右上角单击按钮，在弹出的菜单中选择 CMYK，并设置 CMYK 值分别是 38、5、100、0，完成后效果如图 2-56 所示。

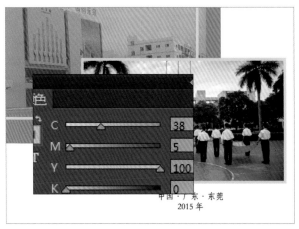

图 2-56 设置描边颜色

19 在图 2-56 中单击图片，选择菜单，执行：对象／角选项命令，弹出图 2-57 的对话框，在该对话框中设置转角大小为"6 毫米"，形状为圆角，单击确定，作品设计完成，如图 2-58 所示。

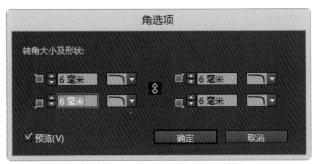

图 2-57 角选项

图 2-58 完成设计

Tips 关于图片的调整

由于 InDesign 是一个排版软件，而不是图片处理软件，因此处理图片的能力相对薄弱，在图 2-58 中，如果主题图片需要更加细致的处理效果，建议在 Photoshop 中处理完毕后直接置入 InDesign 中。

二、案例二

本案例（图 2-59）中的页面尺寸、页边距等参数与案例一相同，不再赘述，在该案例中主要涉及的知识点有：

矩形工具的使用。

添加锚点工具与转换方向点工具的使用。

直线工具与文字工具的使用。

01 按下矩形工具快捷键 M，绘制一个矩形，如图 2-60 所示。

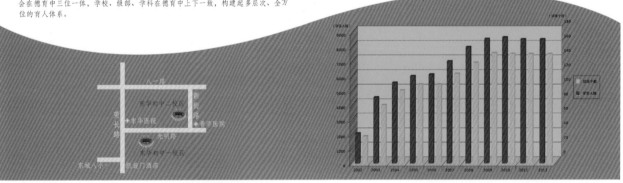

东华初级中学创办于 2002 年，隶属于东华教育集团。学校拥有一大批国家、省、市级优秀教师，师德高尚、业务精良，现有在校生近 8100 人，教师 415 人。学校地处东莞市新城市中心区，北靠旗峰山，东临同沙湖。学校各功能区布局合理，各种现代化的教学设施一应俱全。宽敞明亮的多媒体教室，卫生整洁的学生食堂，温馨舒适的学生公寓，为学生在校学习和生活创造了优越的条件。

学校逐步形成以孝道文化为根基、以感恩教育为主线的德育特色，致力于将学生培养成厚德正品、重孝尚礼、本真乐观的人。学校拥有一支充满人文关怀、深谙管理艺术、富有育人智慧的班主任队伍，并落实"全员育人，全程育人"的工作思路，让每一位教师都参与德育管理之中，做到"事事德育，人人德育"。学校、家庭、社会在德育中三位一体，学校、级部、学科在德育中上下一致，构建起多层次、全方位的育人体系。

学校构建了较为完备的"体验式"高效课堂体系、"个性发展式"校本课程体系和"终身学习式"教师专业发展体系。"探究、体验、生成、发展"已成东华初级中学课堂教学的核心理念，近 40 种校本课程的开设，拓宽了学生视野，陶冶了学生情操，激发了学生进取的热情，学生的能力与素质、兴趣与个性、思维与品格在课堂上得到了充分的培养。快乐成长是东华学子校园生活的真实写照。

学校历年中考成绩均名列东莞市前茅。自 2004 年首届中考以来，十届中考七次夺魁。2013 年我校 2646 人参加中考，平均分 678.80 分（高出市平均分 108 分），高居全市前列。合格率 98.6%，700 分以上 1304 人，高分段人数以绝对的优势位居全市第一。建校以来，学生参加各类竞赛，共有 2860 人次获奖，其中获国际级奖项 45 人次，国家级奖项 991 人次，省级奖项 439 人次，市级奖项 1383 人次。教师参加各类业务能力竞赛，共有 1730 人次获奖，其中获国际级 1 人次，国家级 565 人次，省级 236 人次，市级 928 人次。

学校全面实施素质教育，荣获广东省绿色学校、东莞市一级学校、先进民办学校、文明学校、教学质量一等奖等10多项荣誉称号。"崇善致美、笃行致远"的校训内涵，"团结奉献、务实进取"的学校精神，培育了学生人本情怀，提升了教师人文素养，丰富了学校文化积淀。现在，东华初级中学已经规划出新的发展愿景，正向着地区一流、国内有名、校园和谐、师生幸福的现代化名校迈进。

图 2-59 案例二

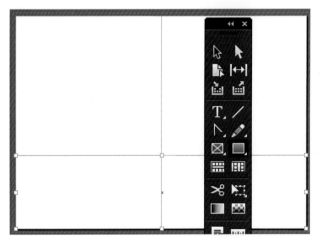

图 2-60 绘制矩形

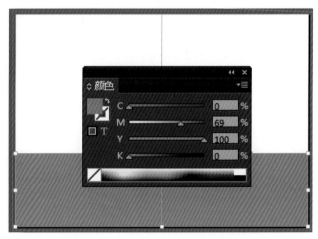

图 2-61 填充颜色

02 选中绘制的矩形，按下"颜色"面板的快捷键 F6，在"颜色"面板右上角单击▼，在弹出的下拉菜单中选择 CMYK 模式，并设置 CMYK 值为 0、69、100、0，如图 2-61 所示。

03 选择添加锚点工具▨在矩形上方中间添加一个锚点，选择转换方向点工具▨调整锚点处的方向，完成效果如图 2-62 所示。

04 单击图形将其选中，按住 Alt 键的同时拖拉鼠标，复制一个相同图形，如图 2-63。

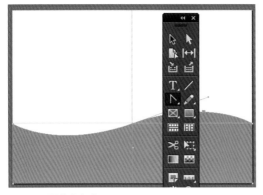

图 2-62 调整方向点

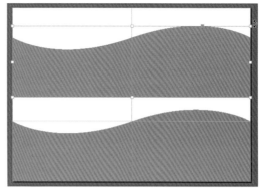

图 2-63 复制对象

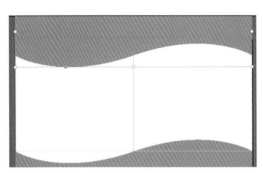

图 2-64 翻转方向

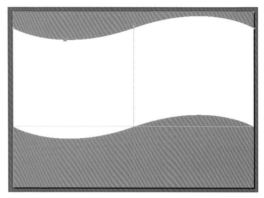

图 2-65 绘制矩形

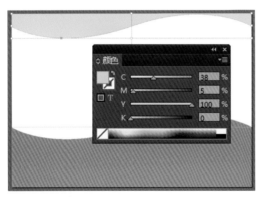

图 2-66 填充颜色

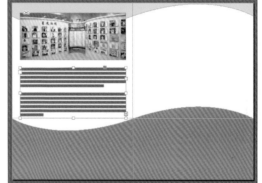

图 2-67 置入图片与输入文字

05 在图 2-63 中选中上方的图形，单击鼠标右键，在弹出的下拉菜单中执行：变换／旋转命令，在弹出对话框中输入 180°，实现图 2-64 的样式。

06 使用直接选择工具█单击图 2-64 上方的图形，向下拖动上方的两个锚点，得到如图 2-65 的样式。

07 选中上方图形，按下 F6 打开"颜色"面板，单击"颜色"面板右上角的█，将颜色模式更改为 CMYK 模式，并设定 CMYK 值为 38、5、100、0，更改上方图形的颜色，完成效果如图 2-66 所示。

08 按 Ctrl+D 置入图片，使用自由变换工具█调整图片大小，并调整到适当位置。选择文字工具█绘制文本框并输入文字，当有文字溢出时，文本框右下角出现█图标，点击该红色图标，在其他空白区域单击，即可自动创建并串接一个文本框，如图 2-67 所示。

09 创建了串联文本框后，使用选择工具 调整文本框的大小，实现图 2-68 的效果。

Tips 关于文本框大小的调整

当文本框较大或较小需要调整时，使用选择工具 调整文本框大小。如果使用自由变换工具 调整文本框大小，会导致文字变形，而不是调整文本框容器本身的变化。

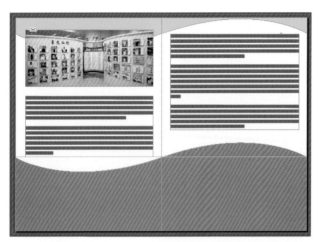

图 2-68 调整文本框大小

10 选择矩形工具 绘制一个矩形，如图 2-69 所示，选中该矩形，按 F6 打开"颜色"面板，在"颜色"面板右上角单击 按钮，在弹出的菜单中切换颜色模式为 CMYK 模式，并设置矩形的 CMYK 值为 0、0、0、26。

11 在图 2-69 中使用选择工具 单击绘制的矩形，按住 Alt 键的同时连续拖拉 4 次，复制 4 个相同的矩形，使用自由变换工具 旋转其中两个矩形为纵向，并调整所有矩形的长度和位置，完成效果如图 2-70 所示。

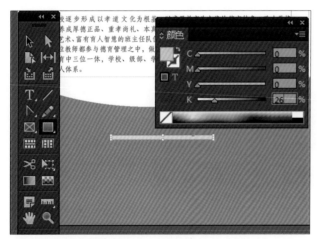

图 2-69 绘制简易线路图

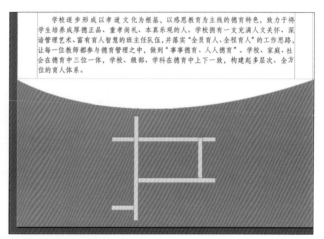

图 2-70 复制多个矩形

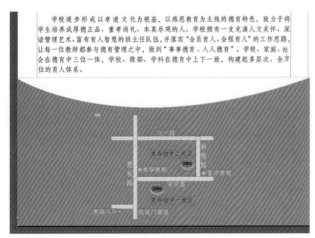

图 2-71 输入文字与置入图标

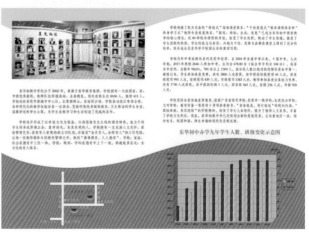

图 2-72 置入图片

12 选择文字工具![T]绘制文本框并输入文字，选择置入快捷键 Ctrl+D，置入图标并调整位置，完成效果如图 2-71。

13 选择置入图片快捷键 Ctrl+D，置入图片，选择文字工具![T]绘制文本框，输入图标标题，并设置字体、字号，完成如图 2-72 的样式。

Tips 关于路线图的绘制

绘制路线图除了本例中介绍的使用矩形工具绘制外，还可以使用钢笔工具、铅笔工具、直线工具等。矩形工具、直线工具在绘制工整、方正的路线图时比较快捷，绘制带有曲线样式的路线图可以使用钢笔工具或者铅笔工具。

三、案例三

本案例（图 2-73）与案例一、案例二的页面尺寸、页边距等参数相同，不再赘述，主要涉及的知识点有：

不规则形状的绘制。

矩形框架工具的使用。

多个对象多图层的设置。

01 选择矩形工具![矩形]绘制矩形铺满整个页面，按下 F6 打开"颜色"面板，在"颜色"面板右

图 2-73 案例三

上角单击■按钮，在弹出的菜单中选择 CMYK 颜色模式，并设置 CMYK 值为 75、5、100、0，如图 2-74 所示。

02 按下置入图片的快捷键 Ctrl+D 置入图片，按下矩形工具的快捷键 M，在左上方绘制一个小矩形，如图 2-75 所示。

03 按下直接选择工具快捷键 A，切换到直接选择工具，单击并调整锚点位置，更改矩形外观样式，如图 2-76 所示。

04 在图 2-77 中使用选择工具，单击选中绘制的图形，按下 F6 打开"颜色"面板，单击"颜色"面板右上角图标■，在弹出的菜单中将颜色模式更改为 CMYK，并设置 CMYK 值为 0、0、0、26。

05 使用选择工具，按住 Alt 键的同时拖拉鼠标复制一个图形，按下直接选择工具快捷键 A 切换到直接选择工具，调整右上角的锚

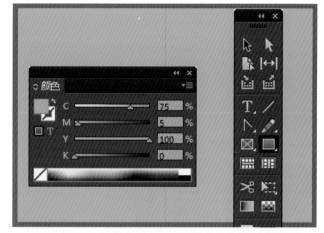

图 2-74 绘制矩形与填充颜色

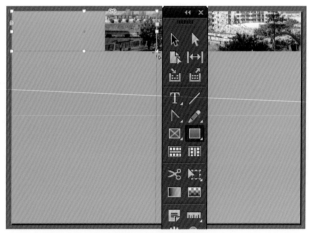

图 2-75 置入图片与绘制矩形

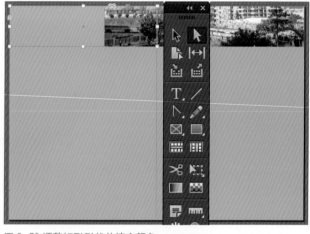

图 2-76 调整矩形形状并填充颜色

图 2-77 填充图形颜色

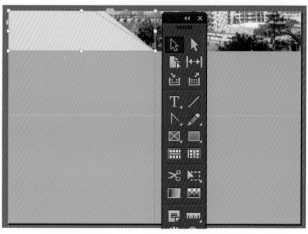

图 2-78 复制并更改图形

点位置，完成效果如图 2-78 所示。

06 按下快捷键 F6 打开"颜色"面板，在"颜色"面板右上角单击▤，在弹出的菜单中将颜色模式更改为 CMYK，并设置 CMYK 值为 46、0、100、0，如图 2-79 所示。

07 选择矩形工具▢绘制一个矩形，按下快捷键 F6 打开"颜色"面板，在"颜色"面板右上角单击▤，在弹出的菜单中将颜色模式更改为 CMYK，并设置 CMYK 值为 0、0、0、36，如图 2-80 所示。

08 按下快捷键 V 切换到选择工具▶，单击绘制的图形，选择菜单，执行：对象／角选项命令，在弹出的图 2-81 对话框中设置右上与右下的转角大小为"5毫米"，形状为圆角，其他保持默认。

09 按下快捷键 V 切换到选择工具▶，按下 Alt 键的同时拖拉绘制的图形完成图形复制，按住 Shift 键的同时分别单击两个图形将其选中，按下"对齐"面板的快捷键 Shift+F7，选择对齐参照为对齐选区▦，对两个图形进行顶对齐▭或底对齐▭操作。再次选择对齐参照为对齐边距▦，单击左侧图形进行左对齐▭，单击右侧图形进行右对齐▭，如图 2-82 所示。

10 按下快捷键 V 切换到选择工具▶，单击右侧图形，选择菜单，执行：窗口／对象和面板／变换，弹出"变换"面板，在面板中选择参考点▦为中间点。选择菜单，执行：对象／变换命令／水

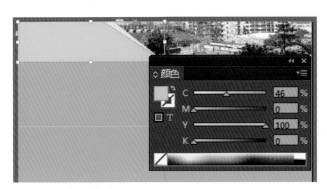

图 2-79 更改图形颜色

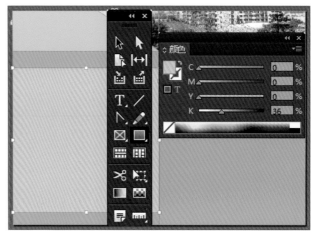

图 2-80 绘制矩形并填充颜色

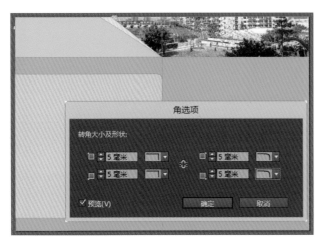

图 2-81 设置图形角选项

图 2-82 复制并对齐

平翻转命令，完成效果如图 2-83 所示。

Tips 关于对象的对齐操作

常用的对齐参照有对齐选区、对齐边距、对齐页面、对齐跨页，手动对齐可能会导致细微差距无法对齐，使用对齐功能可以十分精确地对齐对象。

11 按下快捷键 V 切换到选择工具▶，选中图 2-83 中新绘制的两个图形，按住 Alt 键的同时拖拉图形，复制一次图形。选择自由变换工具▦调整图形副本的高度，并将其调整到合适位置。按下 F6 打开"颜色"面板，在"颜色"面板右上角单击▦，在弹出的菜单中将颜色模式更改为 CMYK，并设置 CMYK 值为 0、0、0、26，完成效果如图 2-84 所示。

12 重复第 11 步的操作步骤，将图形再复制一次，调整新复制图形的高度，并设置图形颜色 CMYK 值为 0、0、0、0，即白色，完成效果如图 2-85 所示。

13 按下快捷键 F 切换到矩形框架工具，根据需要绘制尺寸合适的矩形框架，并复制多个框架进行对齐，完成效果如图 2-86 所示。

14 单击其中一个矩形框架将其选中，按下快捷键 Ctrl+D，或选择菜单，执行：文件 / 置

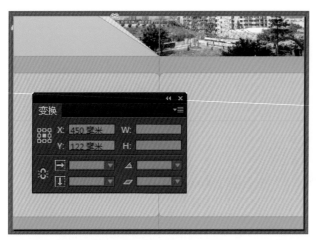

图 2-83 水平翻转图形

图 2-84 复制并调整图形

图 2-85 再次复制并调整图形

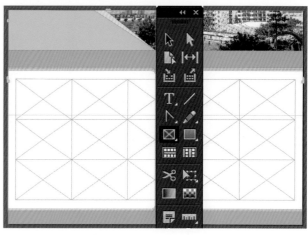

图 2-86 绘制矩形框架工具

入命令，置入图片，在该状态下使用选择工具▣裁剪图片大小，选择自由变换工具▣调整图片大小到合适状态，完成效果如图 2-87 所示。

Tips 关于矩形框架工具的使用

此处绘制矩形框架的目的是为了实现多个图片的尺寸大小一致，矩形框架可以转为文本框架，此处所有元素可以实现占位统一的效果。

15 按快捷键 V 切换到选择工具▣，分别单击图 2-88 中的多个框架，选择 Ctrl+D 置入图片，并调整到合适大小，完成效果如图 2-88 所示。

16 按快捷键 V 切换到选择工具▣，在图 2-89 中第一个框架上单击将其选中，选择菜单，执行：对象／内容／文本命令，双击框架，此时矩形框架自动转为文本框架，在框架中输入或粘贴文字即可，依次将图 2-89 中的多个矩形框架转为文本框架并输入文字，完成效果如图 2-89 所示。

17 在图 2-90 中按住 Shift 键依次单击置入的图片，选择菜单，执行：窗口／文本绕排命令，在弹出的"文本绕排"对话框中按下▣按钮设置绕排，按下▣按钮将四边绕排参数均设置为"5毫米"，完成效果如图 2-90 所示。

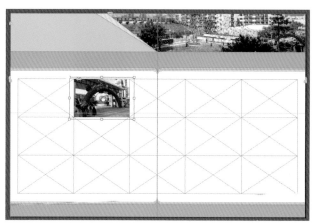

图 2-87 将图片置入内部

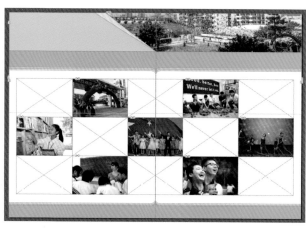

图 2-88 置入图片

图 2-89 将框架转为文本框架

图 2-90 设置文本绕排

18 设置文字前的装饰小图标，选择矩形工具绘制矩形，并设置填充色为红色，描边为无，按下快捷键 V 切换到选择工具，单击选中该图形，旋转 90°，如（图 2-91）所示。

19 按下快捷键 A 切换到直接选择工具，选中绘制的图形，按下快捷键 - 切换到删除锚点工具，在图形最左侧锚点上单击删除锚点，完成（图 2-92）的样式。

20 按下快捷键 M 切换到形状工具，绘制一个矩形，调整大小与位置，实现如（图 2-93）的样式，按下快捷键 V 切换到选择工具，按住 Shift 键的同时分别单击绘制的矩形与三角形，按下群组快捷键 Ctrl+G 将两个图形群组，便于复制与排列。

21 在（图 2-93）中复制多份绘制的小图标，摆放到指定位置，输入标题文字。按快捷键 Ctrl+T 打开"字符"面板，设置字体、字号；按快捷键 F6 打开"颜色"面板设置文字颜色为黄色，完成效果如图 2-94 所示。

22 按下快捷键 M 切换到矩形工具，绘制矩形，按下 F6 打开"颜色"面板，设置填充色 CMYK 值为 0、0、100、0，即黄色，按下快捷键 A 切换到直接选择工具，修改锚点位置，调整图形形状，按下快捷键 T 切换到文字工具输入文字，并调整到适当位置，完成效果如图 2-95 所示，整体效果如图 2-96 所示。

图 2-91 设计小图标

图 2-92 删除锚点

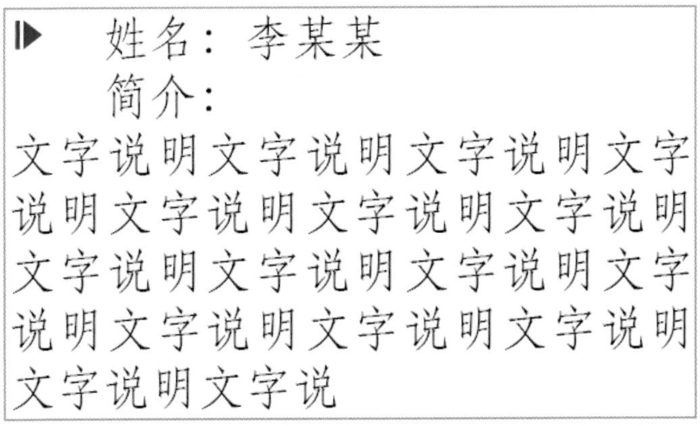

图 2-93 绘制矩形的组合形状

Tips 关于色板的使用

在本例中有多处对象使用相同的颜色，如果涉及相同颜色使用率较多的情况，可以将该颜色保存为色板，更改对象颜色时直接在色板中应用即可。使用色板可以十分方便地解决色彩的统一问题，更加科学合理。

图 2-94 复制图标

图 2-95 完成设计

图 2-96 完成设计

四、案例四

宣传折页有多种不同样式，本案例（图 2-97）为三折折页形式，三折折页在新建文件时可以将 3 个页面作为一页，分为 3 栏来制作，也可以作为 3 页来做，不同之处在于新建文档时的文档尺寸。

本案例以第二种方案，即作为 3 页的形式来讲解，同时本书附带的光盘提供了这两种方案的源文件。

01 选择菜单，执行：文件／新建／文档命令，在图 2-98 的对话框中设置页数为 6 页，取消对页，页面尺寸为 140×210 毫米，其他保持默认，单击"边距和分栏"按钮。

02 在图 2-99 的对话框中设置上、下、内、外边距为"10 毫米"，其他保持默认。

03 按下快捷键 F12 或者单击页面工具▦，弹出"页面"面板，在"页面"面板的右上角单

图 2-97 案例四

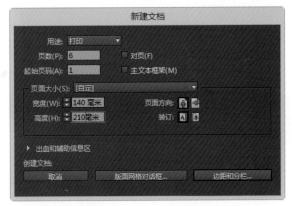

图 2-98 新建文档

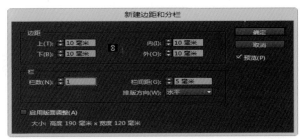

图 2-99 新建边距和分栏

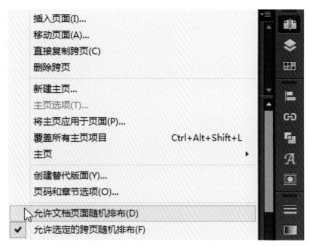

图 2-100 取消勾选"允许文档页面随机排布"菜单项

图 2-101 调整页面排布

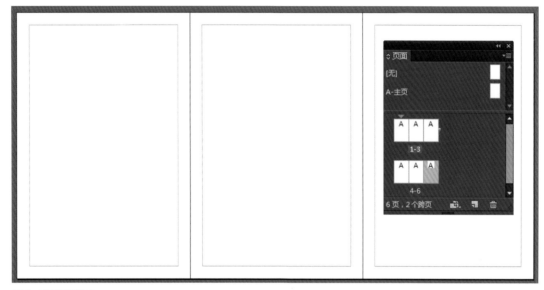

图 2-102 页面排布

击 ■■ 按钮，弹出如图 2-100 的菜单，在该菜单中取消勾选"允许文档页面随机排布"菜单项。当取消该选项后，页面的顺序可以根据实际需要调整。

04 在图 2-101 中单击第二页并将其向第一页右侧拖拉，依次调整页面排布顺序，将 3 页摆放到同一水平线上。

05 将 3 个页面依次拖拉后得到如图 2-102 的样式，将 6 个页面排列为两行的形式，完成三折样式的排布，即可将 3 个页面当作一个整体来设计。

06 按下快捷键 Ctrl+D 或者选择菜单，执行：文件／置入命令，将图片置入页面中，按下快捷键 V 切换到选择工具 ，将置入的图片选中，按下快捷键 E 切换到自由变换工具 ，调整图片大小，让置入的背景图片布满 3 个页面，完成后效果如图 2-103 所示。

图 2-103 置入图片

图 2-104 绘制矩形

07 按下快捷键 M 切换到矩形工具■，绘制两个矩形,按下快捷键 F6 打开"颜色"面板,单击"颜色"面板右上角的■按钮,在弹出的菜单中将颜色模式切换到 CMYK,并输入值为 0、100、100、78,完成颜色的填充操作,如图 2-104 所示。

08 选择菜单,执行:对象／效果命令,弹出图 2-105 对话框,在该对话框中勾选"渐变羽化",调整渐变色标,其他保持默认,单击确定,完成效果如图 2-106 所示。

09 按下快捷键 V 切换到选择工具,在图 2-105 的矩形框上单击鼠标右键,在弹出的菜单中,执行:内容／文本命令,然后在该矩形框上双击鼠标,将矩形框转为文本框架,输入文字,完成效果如图 2-107 所示。

10 按下快捷键 V 切换到选择工具,单击矩形框将其选中,按下快捷键 Ctrl+Alt+T,打开"段落"面板,设置左缩进为"4 毫米",完成效果如图 2-108 所示。

11 按下快捷键 V 切换到选择工具，在文本框上单击鼠标右键，在弹出的菜单中选择文本框架选项，弹出图 2-109 的"文本框架选项"对话框。

12 在"文本框架选项"对话框中设置垂直对齐方式为"居中"，单击确定，

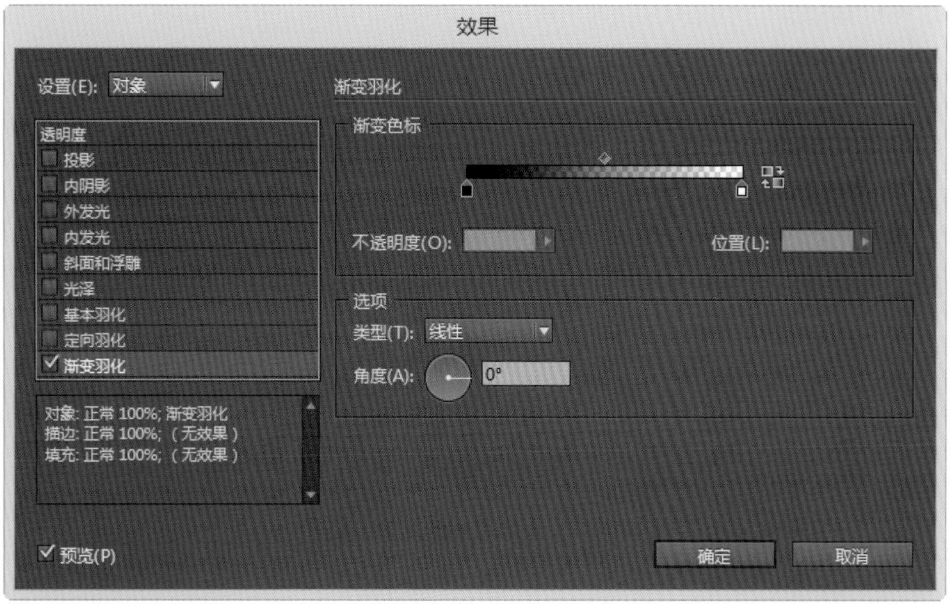

图 2-105 效果对话框

图 2-106 设置图形羽化效果

图 2-107 输入文字

图 2-108 设置文字左缩进

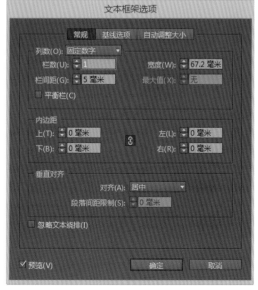

图 2-109 设置文字垂直居中对齐

完成效果如图 2-110 所示。

13 按下快捷键 M 切换到矩形工具■，绘制一个矩形，按下快捷键 F6 打开"颜色"面板，并单击面板右上角的■按钮将颜色模式切换为 CMYK，并设置 CMYK 值为 0、51、100、0，将矩形填充色设置为该颜色，完成效果如图 2-111 所示。

图 2-110 文字垂直居中效果

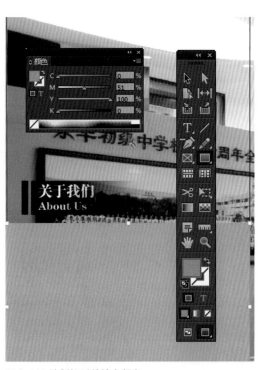

图 2-111 绘制矩形并填充颜色

14 在该矩形框上单击鼠标右键，执行：菜单 / 内容 / 文字命令，即可将该矩形框架转为文本框架，使用选择工具双击后输入文字。

15 在图 2-112 中按下快捷键 V 切换到选择工具■并单击矩形框将其选中，按下快捷键 Ctrl+T 打开"字符"面板，设置字体为"华文仿宋"，字号为"10 点"，行间距为"15 点"，其他默认。

16 按下快捷键 V 切换到选择工具■，单击矩形框将其选中，选择菜单，执行：对象 / 文本框架选项命令，在弹出的"文本框架选项"对话框中设置垂直对齐方式为居中，完成效果如图 2-113 所示。

17 按下快捷键 V 切换到选择工具■，单击矩形框将其选中，按下快捷键 Ctrl+Alt+T 打开"段落"面板，设置左缩进、右缩进均为"7 毫米"，如图 2-114，设置完成后，折页中第一页部分的效果如图 2-115 所示。

18 按下快捷键 M 切换到矩形工具■，绘制一个矩形，按下快捷键 V 切换到选择工具■，单击该矩形框将其选中，按下快捷键 F5 打开"色板"面板，在"色板"面板中单击白色，将矩形框填充色设置为白色，如图 2-116 所示。

图 2-112 设置字体、字号

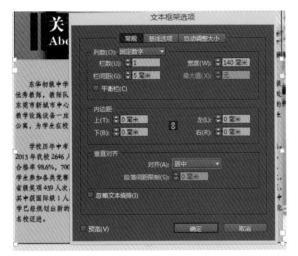

图 2-113 文字垂直居中对齐

图 2-114 设置文字左右缩进

图 2-115 第一部分完成

图 2-116 绘制矩形并填充白色

19 按下快捷键 V 切换到选择工具 ，单击矩形框将其选中，选择菜单，执行：对象／效果／透明度命令，弹出"效果"对话框，在该对话框中设置不透明度为"60%"，如图 2-117 所示。

20 长按文字工具■，在弹出的工具菜单中选择直排文字工具，绘制文本框并输入文字，按下 F6 打开"颜色"面板，设置文字颜色 CMYK 值为 15、100、100、0，如图 2-118 所示。

21 按下快捷键 V 切换到选择工具■，单击图 2-117 中的文本框将其选中，选择菜单，执行：对象／效果／投影命令，弹出如图 2-119 的对话框，设置投影的不透明度为"75%"，距离"1 毫米"，大小"1 毫米"，其他保持默认。

Tips 关于图形效果的设置

图 2-118 中的许多参数显示在控制面板中，如设置阴影效果■、设置效果■、设置透明度 ■■■ 等。

22 在图 2-119 的"效果"对话框中依次添加投影、内阴影、外发光、斜面和浮雕效果，完成效果如图 2-120 所示。

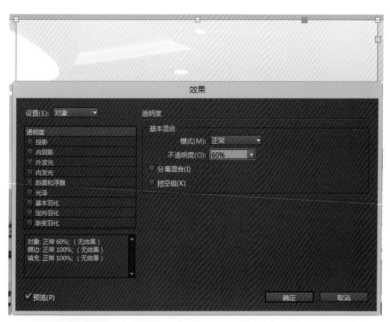

图 2-117 设置透明度

图 2-118 输入文字

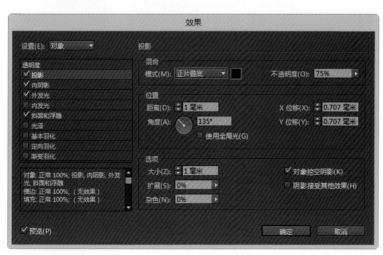

图 2-119 设置对象效果

图 2-120 设置文字效果

23 长按矩形工具■，在弹出的工具菜单中选择多边形工具○，在页面中单击，弹出"多边形"对话框，输入边数为"3"，即创建一个三角形。按下快捷键 A 切换到直接选择工具 ▶，调整其形状为三角形，按下 F6 打开"颜色"面板，为三角形填充颜色，设置 CMYK 值分别为 0、100、100、78。按下快捷键 T 切换到文字工具 T，输入文字并调整文字的字体、字号后完成效果如图 2-121 所示。

24 完成图 2-121 设计后，第一页、第二页的设计基本完成，整体效果如图 2-122 所示。

25 按下快捷键 E 切换到矩形工具■，绘制一个矩形，按下 F6 打开"颜色"面板，单击"颜色"面板右上角的 ▼ 按钮，在弹出的菜单中选择 CMYK，并设置 CMYK 值为 75、5、100、0，将矩形填充色设置为该颜色，完成效果如图 2-123 所示。

26 按下快捷键 A 切换到直接选择工具 ▶，在矩形上单击，调整上方两个手柄并向右拖拉，调整为图 2-124 的样式。

图 2-121 绘制图形

图 2-122 完成后效果

图 2-123 绘制矩形框并填充颜色

图 2-124 调整矩形的形状

27 使用第 25、26 步的方法绘制两个矩形,填充不同颜色,并使用直接选择工具 ▶ 调整其形状,完成效果如图 2-125 所示。

28 按下快捷键 Ctrl+D,置入 Logo、二维码、单位名称 3 张图片,按下快捷键 E 切换到自由变换工具调整其大小,并移动到相应位置。按下快捷键 T 绘制文本框输入单位名称、折页主题文字,分别选中两个文本框,按下快捷键 F6 切换到"颜色"面板,为两个文本框设置不同的颜色,完成效果如图 2-126 所示。

29 按下快捷键 V 切换到选择工具 ▶,在图 2-127 中单击黄色图形,并按下快捷键 Ctrl+C 复制该图形,在当前页面单击鼠标右键,在弹出的菜单中选择原位粘贴,将复制的黄色图形粘贴到该图形的原始位置,将下方的文字遮住,完成效果如图 2-127 所示。

30 按下快捷键 V 切换到选择工具 ▶,单击新粘贴的图形,将其选中,选择菜单,执行:对象／效果／透明度命令,弹出"效果"对话框,设置透明度基本混合模式为"颜色",其他保持默认,单击确定。如图 2-128 所示。

31 按下快捷键 V 切换到椭圆工具,按住 Shift 的同时绘制数个不同大小的圆形,并按下 F6 打开"颜色"面板为其填充不同的颜色。将圆形全部选中,按下快捷键 Ctrl+[,将其移动到黄色图形的下一层,这时黄色图形应用的透明度模式也将应用于圆形,完成效果如图 2-129,至此,案例的设计完成。

图 2-125 调整另外两个矩形的形状并填充颜色

图 2-126 输入文本并置入图片

图 2-127 复制黄色图形

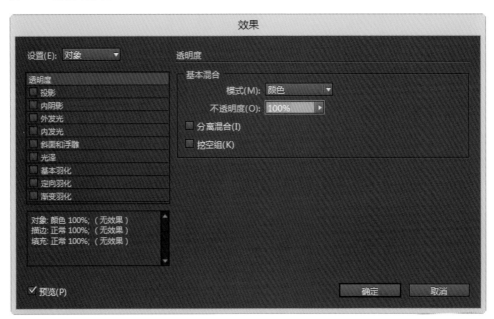

图 2-128 设置透明度模式

图 2-129 完成设计

五、案例五

本案例（图 2-130）同样是三折折页的形式，其尺寸、页边距等参数与案例四相同，在本案例中主要涉及以下知识点：

矩形工具、添加锚点工具、直接选择工具和方向点转换工具绘制各种图形。

将矩形框架工具作为图片容器，统一图片规格。

多个对象的对齐设置。

为对象添加效果，使用透明度模式调整对象颜色。

使用角选项设置图形的外观样式。

01 在工具箱中长按矩形工具 ，在弹出的工具菜单中选择多边形工具 ，在页面中的空白位置单击鼠标，弹出"多边形"对话框，设置多边形边数为"3"，其他保持默认，单击确定，

图 2-130 案例五

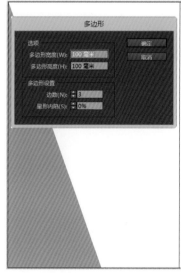

图 2-131 绘制三角形

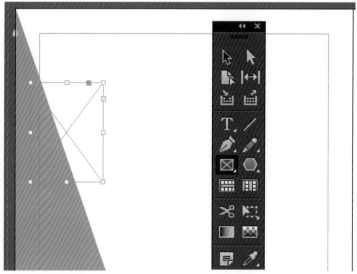

图 2-132 绘制矩形框架

绘制一个三角形。按下快捷键 F6，在弹出的"颜色"
面板中为三角形设置填充色的 CMYK 值为 100、0、
100、0，按下快捷键 A 切换到直接选择工具，调整
三角形的大小和形状，完成效果如图 2-131 所示。

02 按下快捷键 F 切换到矩形框架工具，绘制
一个矩形框架，完成效果如图 2-132 所示。由于该
处需要放置多个矩形框架，每个矩形框架的高度与
宽度要根据页面的宽度与高度粗略计算后再进行微
调。

03 按下快捷键 V 切换到选择工具，单击绘制
的框架，选择菜单，执行：编辑／多重复制命令，
或按下多重复制快捷键 Ctrl+Alt+U， 弹出"多重
复制"对话框，在该对话框中设置重复计数为"3"，
垂直位移为"0毫米"，水平位移为"32.6毫米"，
单击确定，完成框架的多重复制操作，如图 2-133
所示。

04 按下快捷键 V 切换到选择工具，全选第 3
步中所有的矩形框架，选择菜单，执行：编辑／多
重复制命令，或按下多重复制快捷键 Ctrl+Alt+U，
弹出"多重复制"对话框，在该对话框中设置重复
计数为"2"，垂直位移为"53毫米"，水平位移为"0
毫米"，单击确定，完成效果如图 2-134 所示。

05 按下快捷键 V 切换到选择工具，单击框架
将其选中，按下快捷键 Ctrl+D 置入图片，将图片置
入选中的框架中。如图 2-135 所示，将鼠标移动到
框架中央时，图片上出现一个环形图标，此时单击环
形图标，进入图片编辑模式，按下快捷键 E 切换到自
动变换工具，调整图片大小以匹配框架大小，依次
在所有框架中置入图片。

06 按下快捷键 M 切换到矩形工具，绘制一个
矩形，按下 F6 打开"颜色"面板，为绘制的矩形填
充颜色，CMYK 值为 0、0、100、0。按下快捷键
V 切换到选择工具，单击绘制的矩形框，选择菜单，

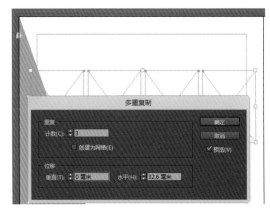

图 2-133 多重复制

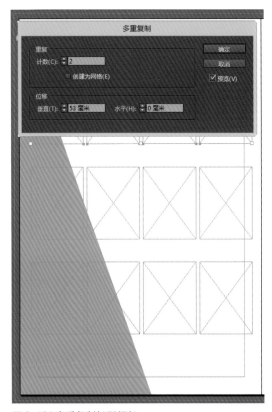

图 2-134 多重复制矩形框架

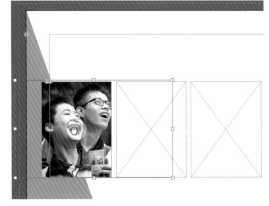

图 2-135 置入图片

执行：对象／变换／切变命令，在弹出的对话框中输入切变角度为"−15°"，其他保持默认，完成效果如图 2−136 所示。

07 按下快捷键 V 切换到选择工具，单击绘制的图形，选择菜单，执行：编辑／多重复制命令，在弹出的"多重复制"对话框中设置计数次数为"3"，垂直位移设置为"0 毫米"，水平位移设置为"33 毫米"，单击预览复选框可以预览效果，不合适时再精确调整水平参数，完成效果如图 2−137 所示。

图 2−136 绘制矩形

图 2−137 在水平方向上多重复制图形

图 2−138 在垂直方向上多重复制图形

图 2−139 填充颜色

08 按下快捷键 V 切换到选择工具 ▨，全选第一行黄色图形，选择菜单，执行：编辑／多重复制命令，在弹出的对话框中设置重复计数"2"，垂直偏移"53 毫米"，水平偏移"0 毫米"，其他默认，单击确定，完成效果如图 2–138 所示。

09 按下快捷键 V 切换到选择工具 ▨，按住 Shift 键的同时分别单击右侧的两列图形，将其选中，按下快捷键 F6 打开"颜色"面板，调整选中图形的填充色 CMYK 值为 100、0、100、0，完成效果如图 2–139 所示。

10 按下快捷键 T 切换到文字工具 ▨，分别在 6 个进行了切变操作的图形中绘制一个文本框，并输入文字，设置文字字体、字号、颜色等参数，按下快捷键 Ctrl+T 打开"字符"面板，在基线偏移处输入"–3 点"。在左上角同样绘制一个文本框，并输入文字。完成效果如图 2–140 所示。

11 按下快捷键 ＼ 切换到直线工具 ▨，在"他们"前绘制一条直线，按下快捷键 F10 打开"描边"面板，设置直线粗细与类型。按下快捷键 M 切换到矩形工具 ▨，在文字后绘制矩形，按下快捷键 F6 打开"颜色"面板，分别设置直线的描边色与矩形的填充色。按下快捷键 A 切换到直接选择工具 ▨，调整矩形形状，完成效果如图 2–141 所示。

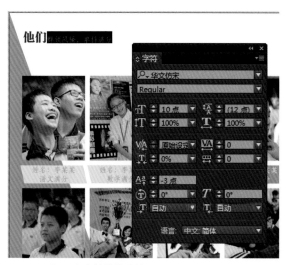

图 2–140 设置文字基线偏移值

图 2–141 绘制并调整图形

12 按下快捷键 T 切换到文字工具 ▨，拖拉绘制一个文本框，输入文字，设置文字字体、字号、颜色等参数。按下快捷键 V 切换到选择工具 ▨，单击文本框将其选中，按下快捷键 Ctrl+Shift+] 将该对象的图层置于顶层，选择菜单，执行：对象／效果／透明度命令，在弹出的"效果"对话框中设置透明度基本混合模式为"滤色"，其他保持默认，完成效果如图 2–142 所示，至此，最左侧的页面设计完成。

13 按下快捷键 Ctrl+D 置入图片，按下快捷键 E 切换到自由变换工具 ▨，按住 Shift 键的同时等比例调整图片大小。按下快捷键 M 切换到矩形工具 ▨，绘制一个矩形，按下快捷键

图 2-142 输入文字并设置对象的透明度

F6 打开"颜色"面板为矩形设置填充色，使用添加锚点工具、转换方向点工具与直接选择工具调整图形形状为图 2-143 的状态。

14 按下快捷键 V 切换到选择工具，单击灰色图形，按住 Alt 的同时拖拉鼠标，复制一个圆形，通过直接选择工具调整其形状，并重新填充颜色。使用相同方法复制多个图形，分别调整形状并重新填充颜色，完成效果如图 2-144 所示。

Tips 关于图形图层叠加

图 2-143 的图形是由多个不同

图 2-143 置入图片与绘制图形

图 2-144 绘制多个图形

的图形叠加而成的，在 InDesign 中，图层有上下层级关系，上层的图形在未被设置透明度的情况下是可以遮住下层图形的。借助 InDesign 的图层功能，通过调整不同图形的颜色、形状，最后叠加就可以得到图 2-144 的样式。这种样式的图形也可以使用钢笔工具直接绘制，但是效率相对较低。

15 在图 2-144 中，最下方的图片颜色不够亮，我们可以通过 Photoshop 处理后重新加载该图片，也可以在此图片上方添加一幅图片进行透明度设置。绘制一个矩形并对其填充颜色，通过快捷键 Ctrl+[将该图形置于图 2-144 中图片的上一层，完成效果如图 2-145 所示。

16 在图 2-145 中单击绘制的橙黄色矩形，选择菜单，执行：对象／效果／透明度命令，弹出"效果"对话框，在该对话框中选择透明度基本混合模式为"饱和度"，不透明度设置为"50%"，单击确定，如图 2-146 所示。

17 对上方橙黄色图形设置透明度效果后，完成效果如图 2-147 所示。

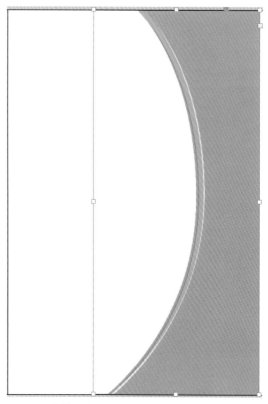

图 2-145 绘制图形

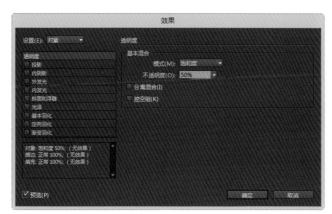

图 2-146 设置透明度

图 2-147 完成效果

18 使用矩形工具■绘制左上角的装饰图案，使用矩形框架工具⊠绘制中部 6 个图形并填充颜色，设置描边和描边颜色，将图片置入其中 3 个矩形框架中，完成效果如图 2-148 所示。

Tips 如何提高图形绘制效率

在图 2-148 中有多个不同的形状，可分别对其采用不同的工具绘制。中部 5 个矩形中，采用矩形框架工具绘制 1 个，其余 4 个复制完成。利用对齐功能将多个对象对齐，并均等化其间距，当需要置入图片时先置入图片，对不需要置入图片的图形进行填充色操作即可完成。

19 使用多边形工具◎绘制一个三角形和一个矩形，分别对两个图形填充不同的颜色，使用直接选择工具▶调整三角形形状为图 2-149 的样式。选中绘制的矩形，执行：对象／角选项命令为其设置圆弧，完成效果如图 2-149 所示。

20 在图 2-149 中复制绿色矩形，切换到自由变换工具▩，调整两个矩形的形状，通过快捷键 Ctrl+] 将绘制的图形顺序调整到左侧图片下方，用左侧图片遮住多余的图形，置入柱状图的图片，设置其透明度，完成效果如图 2-150 所示。

图 2-148 绘制图形、置入图片

图 2-149 绘制三角形和矩形

图 2-150 调整图像

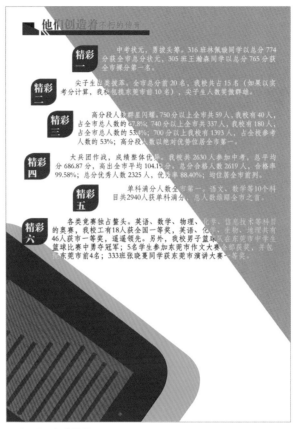

图 2-151 完成效果

21 使用文本工具 T 绘制文本框并输入文字，调整字体、字号，设置正文颜色为黑色，执行：对象／效果／透明度命令，设置透明度基本混合模式为"滤色"，实现文字在黄色背景下的滤色效果为白色效果。设置文字"他们创造着不朽的传奇"颜色为红色，并设置透明度基本混合模式为"差值"。选择菜单，执行：对象／角选项命令，为"精彩一"至"精彩六"6 个矩形图形设置左上角与右下角的对角样式为弧形，其他保持默认，完成效果如图 2-151 所示。至此，整个作品设计完成。

<h2 style="text-align:center">第三节　邀请函的设计</h2>

邀请函是社会交往活动和商务活动中十分重要的文书，为了体现某种主题而存在，比如喜庆、庄重等，需要赋予邀请函与主题内涵相同的设计，以体现主办方对本次活动的重视和对受邀方的尊重。邀请函设计要简单大方，文字精练，主题清晰。

一、案例一

本案例（图 2-152）主要涉及以下操作：

图形的绘制与群组。

文字的输入与调整。

置入图片。

使用透明度效果调整对象颜色。

简易表格的制作。

邀请函的尺寸各异，根据实际需要设定尺寸。

图 2-152 案例一

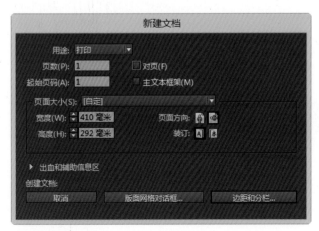

图 2-153 新建文档

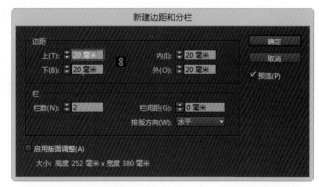

图 2-154 新建边距和分栏

01 选择菜单，执行：文件／新建／文档命令，弹出图2-153的"新建文档"对话框，设置文档宽度为"410毫米"，高度为"292毫米"，页面方向为横向，其他保持默认。

02 在"新建边距和分栏"对话框中设置上、下、内、外边距均为"20毫米"，栏数为"2"，栏间距设置为"0毫米"，其他保持默认，如图2-154所示。

03 按下快捷键M切换到矩形工具▣，绘制矩形，按下快捷键V切换到选择工具▨，调整矩形大小及位置，完成效果如图2-155所示。

04 按下快捷键V切换到选择工具▨，单击绘制的矩形将其选中，按下快捷键F6打开"颜色"面板，按下"颜色"面板右上角的▤按钮，将颜色模式切换到CMYK，并设置值为15、100、100、38，完成效果如图2-156所示。

05 按下快捷键M切换到矩形工具▣，绘制矩形，按下快捷键V切换到选择工具▨，调整矩形的大小及位置，完成效果如图2-157所示。

06 按下快捷键V切换到选择工具▨，选中绘制的图形，按下快捷键F6打开"颜色"面板，单击右上角的▤切换颜色模式为CMYK，并设置CMYK值为15、92、100、0，完成效果如图2-158所示。

07 按下快捷键V切换到选择工具▨，按下Alt键的同时拖拉图2-158中绘制的图形进行复制，连续多次复制，并调整图形位置，完成效果如图2-159所示。

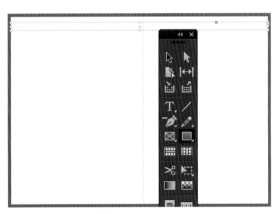

图2-155 绘制并调整矩形

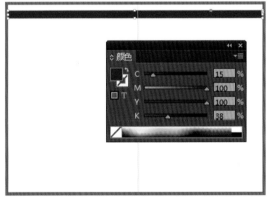

图2-156 填充颜色

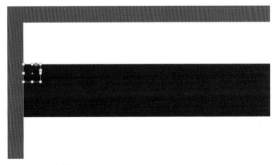

图2-157 绘制矩形

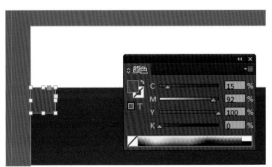

图2-158 填充颜色

08 按下快捷键 V 切换到选择工具█，全选图 2-159 中绘制的所有图形，按下 Ctrl+G 群组所有对象，选中该群组对象，按下 Alt 键的同时拖拉鼠标，复制群组，并将群组调整到下方，完成样式如图 2-160 所示。

09 按下快捷键 Ctrl+D，或选择菜单，执行：文件／置入命令，置入 3 张图片，按下快捷键 E 切换到自由变换工具█，调整图片大小及位置，完成效果如图 2-161 所示。

10 在图 2-162 中输入文字，或置入文字图标，调整文字颜色。"邀"字下方有一个英文单词，单词显示为一个字母一个框的样式。这种框的样式有两种制作思路，一是使用直线工具绘制框；二是使用表菜单绘制一个表格，设置表格的边框粗细和颜色即可。

11 在图 2-162 中绘制一个矩形，将整个页面填充为白色，按下快捷键 Ctrl+Shift+[将该图层置于底层。在左侧页面中绘制一个矩形，设置其填充色的 CMYK 值为 15、92、100、0，通过快捷键 Ctrl+[与 Ctrl+] 调整其图层顺序，将其置于"东华初级中学"和下面两段文字的上层、其他对象的下层，并设置其透明度基本混合模式为"滤色"，左侧页面设计完成。在右侧页面中

图 2-159 复制图形

图 2-160 群组并复制

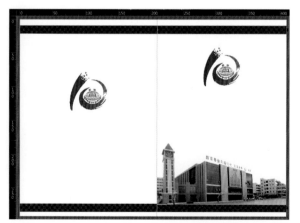

图 2-161 置入图片

图 2-162 输入文字

图 2-163 设置透明度

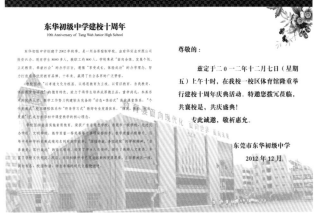

图 2-164 内页

选中建筑物图片，将其置于白色矩形上层，为该图片设置填充色的 CMYK 值为 27、62、74、76，设置其透明度基本混合模式为"滤色"，完成效果如图 2-163 所示。

12 图 2-164 为邀请函的内页，内页设计的风格和色调与封面、封底保持一致，置入图片，输入文字。背景图片可以按第 11 步的方法设置透明度，实现风格的统一，也可以在 Photoshop 中将图片处理好后置入 InDesign 中，从而完成邀请函的设计。

二、案例二

本案例（图 2-165）主要涉及以下操作：

使用钢笔工具绘制图形。

使用矩形工具绘制图形。

渐变工具的使用。

路径文字工具的使用。

旋转页面。

01 新建文档，尺寸设置为 230×220 毫米，并绘制一个相同尺寸的矩形，设置填充色，完成效果如图 2-166 所示。

02 使用矩形工具绘制一个矩形，填充渐变色，并将其移动到如图 2-167 的位置。

03 使用矩形工具绘制一个图形，使用添加锚点工具添加锚点，并调整其方向，最后为当前图形设置渐变色，完成效果如图 2-168 所示。

图 2-165 案例二

04 使用椭圆工具绘制一个圆形，并填充渐变色，完成效果如图 2-169 所示。

05 复制多个绘制的圆形，并调整其大小、透明度和位置，给最大的一个椭圆形设置渐变羽

图 2-166 设置填充色

图 2-167 绘制图形

图 2-168 绘制图形并设置填充色

图 2-169 绘制圆形并设置填充色

图 2-170 复制图形

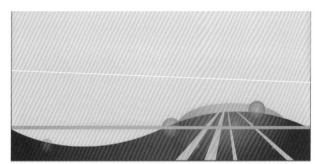
图 2-171 绘制图形并设置填充色

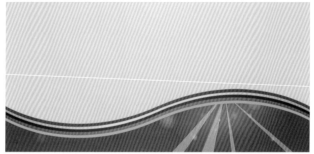
图 2-172 调整并复制图形

化效果，完成效果如图 2-170 所示。

06 使用多边形工具绘制一个三角形，设置填充色，并调整其角度和位置。使用矩形工具绘制一个矩形，设置填充色，完成效果如图 2-171 所示。

07 使用添加锚点工具在滤色图形中间添加锚点，并调整其方向点，将图形调整为曲线形状，并复制多个图形，更改其颜色，完成效果如图 2-172 所示。

08 按下快捷键 Shift+T 切换到路径文字工具，移动到图 2-173 中弯曲图形的左端，当鼠标变为 时单击鼠标即可输入文字，输入的文字自动沿着形状弯曲的方向排列，同时输入其他文字信息，完成效果如图 2-173 所示。

09 使用矩形工具绘制一个长方形，设置描边与填充色，复制两个相同的图形并使用自由变换工具调整旋转角度，给最下方的图形添加阴影效果，群组 3 个矩形并调整透明度。使用直线工具绘制直线，设置直线样式为点线，调整其颜色和倾斜度，完成效果如图 2-174 所示。

10 使用矩形工具、添加锚点工具、直接选择工具绘制图 2-175 中的铅笔，并填充不同颜色以区分明暗度。使用钢笔工具、添加锚点工具、转换方向点工具绘制花朵，并填充不同颜色，完成效果如图 2-175 所示。

11 选择菜单，执行：视图／旋转跨页／180°命令，反转页面，设计背面的图案。使用矩形工具绘制矩形，并填充颜色，使用钢笔工具调整形状。输入文字"邀请函"并调整其位置，在该文字上方绘制多个圆，并填充不同的颜色。将信纸上的花朵复制、粘贴到背面并调整其大小，完成效果如图 2-176 所示。

12 图 2-177 的内页设计元素与封面、封底大致相同，将封面、封底的元素复制、粘贴到内页并调整，保持整个邀请函风格的统一。

至此，邀请函的设计完成。

图 2-173 路径文字

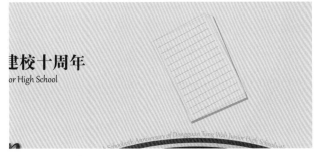

图 2-174 绘制信纸

图 2-175 绘制铅笔和花朵

图 2-176 旋转页面

图 2-177 内页设计

第三章
宣传展板的设计
——图层使用

本章概要

- 宣传展板的类别
- 展架的设计
- 宣传橱窗的设计

第一节 宣传展板的类别

一、关于喷绘的材质

宣传展板是一种用于宣传和展示的媒介，形式上分为固定和活动两种。固定展板通常固定在墙面上、橱窗里，尺寸往往比较大，宣传内容比较多。活动展板则比较灵活，可用于临时性的活动需要，尺寸相对较小，宣传内容有限。

宣传展板的素材以图片和文字为主，其与海报、广告的不同之处在于，宣传展板所承载的信息量更多，受众相对固定，以单位内部使用为主，需要花费一定的时间才能了解其信息，商业性不强。海报、广告则倾向于让更多的人从中获取信息，并在极短的时间内了解宣传内容，商业性较强。

宣传展板的喷绘材质也分很多种，有纸质、背胶、户外灯箱布等。橱窗宣传展板可用户外灯箱布打孔后悬挂。墙壁宣传展板则广泛使用背胶材质，另外，可以在喷绘的背部裱一层KT板，再固定于墙壁上。

宣传展板的尺寸比较灵活，没有统一的标准，可根据现有的橱窗尺寸来设计。固定展板以横排居多，但如果需要也可以设计成竖排。活动展板大多是竖排的，最常见的形式是活动展架，既轻便灵活又美观大方，制作成本也比较低廉。活动展架的尺寸有以下两种：60×160 厘米、80×180 厘米。

二、图层的使用

图 3-1 新建图层

图 3-2 为图层命名

使用图层的好处是可以将文字、图片、背景色块、装饰花边等素材分开管理，以方便处理页面中各元素的叠放顺序，放在最上面的图层不会被下面的图层遮挡。在编辑过程中，我们还可以关掉其他暂时不用的图层独立操作。

新建图层时，打开"图层"面板（快捷键 F7），点击"图层"面板下方的新建图层图标，根据需要建立多个图层（图3-1）。我们可以为图层命名，方法是将光标放到图层上单击，图层文字变成蓝色就可以输入该图层的名称了（图 3-2）。

点击图片层，按 Ctrl+D 置入多张图片，此时，点开图片层，置入的所有图片都会显示出来（图 3-3）。为了编辑时方便查找图片，我们可以为每一张图片命名（图 3-4）。如要调整图片的前后顺序，可用鼠标选中某张图片直接上下拖动即可，位于上方的图片不会被其下方的图片遮挡。层与层之间也可以调整上下顺序，如图 3-5 中，背景文字图层位于图片层上方时，文字是浮于图片上方的；将背景文字图层

图 3-3 显示所有图片

图 3-4 为图片命名

图 3-5 调整图层顺序

图 3-6 调整图层顺序

图 3-7 隐藏其他

移动到图片层下方时，文字便被图片遮挡了（图 3-6）。

在编辑过程中，点击"图层"面板右上角的小图标，在弹出的对话框中（图 3-7）执行"隐藏其他"命令，页面中只出现当前"图层"的内容，编辑界面就会显得干净简洁。

执行"锁定其他"命令后，除了当前编辑的图层，其他图层都处于锁定状态，这样可以减少误操作。

在"图层"面板中，每个图层前面都有一个色块，点选页面中的文字或图片，选框的颜色与图层前的色块颜色是一致的。如图 3-8 中，两张图片的选框都是红色，说明是同一图层。图 3-9 中，一张图片的选框是蓝色，说明此图片属于正文图层；另一张是红色，说明此图属于图片图层。

图 3-8 图片选框颜色相同

图 3-9 图片选框颜色不同

不同图层的图片和文字都可以执行"文字绕排"命令，当一张图片被设置为绕排时，其他图层的文字将不会出现在该图片上方，如果需要在图片上方加文字，方法就是先将图片和文字进行编组，再设置绕排即可。

InDesign 与 Photoshop 的图层有所不同，InDesign 中的图层没有混合模式，而 Photoshop 中的图层有各种混合模式，如"正常""溶解""叠加"等。

第二节 展架的设计

一、案例一（图 3-10）

01 新建文档，由于这是一个宣传展架，所以长宽尺寸设为 800×1800 毫米，如图 3-11 所示。

02 打开"图层"面板，新建多个图层，用矩形工具画一个比页面略大的矩形（包含出血位），填充橙色，如图 3-12 所示。

03 在背景文字图层中用圆形工具绘制两个粗细不同的圆形并对齐，输入文字并将文字放置在圆心的位置，如图 3-13 所示。

04 将文字和圆圈编组后逆时针旋转 25°，拖拽到页面左上角的位置，如图 3-14 所示。

05 复制刚才的圆圈和文字，将中间"才"字改为"藝"字，如图 3-15 所示。

06 将"藝"字顺时针旋转 16°后，拖放到页面右下角的位置，如图 3-16 所示。

07 在图片层用多边形工具绘制一个六边形，描白色的边框，放置在如图 3-17 的位置。

08 选中六边形，按 Ctrl+D 置入一张图片至六边形中，完成效果如图 3-18 所示。

图 3-10 案例一

09 复制一个六边形，放置在如图 3-19 的位置。

10 在六边形中置入一张图片，调整图片大小，如图 3-20 所示。

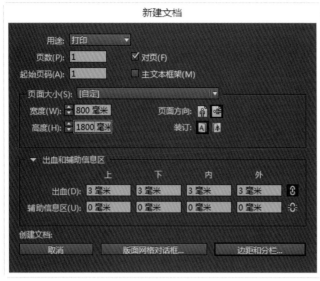

图 3-11 新建文档

图 3-12 新建图层并为矩形填充颜色

图 3-13 输入文字

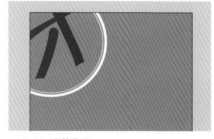

图 3-14 调整位置

图 3-15 复制图形并修改文字

图 3-16 调整位置

图 3-17 绘制图形

图 3-18 置入图片

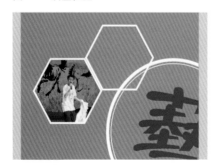

图 3-19 复制图形

图 3-20 置入图片

11 再次复制一个六边形，放置在如图 3-21 的位置。

12 选中六边形，置入一张图片至六边形中，如图 3-22 所示。

13 再次复制一个六边形，放置在如图 3-23 的位置。

14 置入一张图片于六边形内，如图 3-24 所示。

15 同样地，复制一个六边形并置入一张图片于六边形内，摆放在如图 3-25 的位置。

16 继续复制一个六边形并置入图片，摆放在如图 3-26 的位置。

17 目前所有的图片已置入，完成效果如图 3-27 所示。

18 点击"图层"面板右上角的小三角，在弹出的对话框中将已经做好的背景色块、背景文字以及置入好的图片都设为锁定。接下来，为展板添加标题，"南城社区少儿才艺表演赛"的字体为"方正少儿简体"，字号为 328 点，填充白色。"开始报名"的字体为"汉仪双线体繁"，字号为 250 点，同样填充白色，完成效果如图 3-28 所示。

图 3-21 复制图形

图 3-22 置入图片

图 3-23 复制图形

图 3-24 置入图片

图 3-25 复制图形并置入图片

图 3-26 复制图形并置入图片

图 3-27 所有图片置入后的最终效果

图 3-28 添加标题文字

图 3-29 输入文字

19 将偏右侧的 5 张六边形图片逐一设置文本绕排样式（如果将所有六边形编组再设绕排样式，会形成一个大大的图形框，文字就没办法紧挨着图片边沿绕排了）。绕排格式为"沿对象形状绕排"。四周位移各设置为 8 毫米，输入文本，根据页面大小调整文字的字号；输入左下方的文字，调整大小，如图 3-29 所示。至此，整个展架的宣传设计就做好了。

二、案例二（图 3-30）

激情辩论　荣耀归来

5月20日，我校由12人组成的辩论队在市中学生辩论赛中沉着应战，稳定发挥，一路过关斩将，经过三轮小组赛，以绝对优势杀入决赛。决赛中遭遇强敌"东城一中"，双方唇枪舌剑，引经据典，都发挥了很高的辩论水平并展示出了广博的学识。尤其是我校学生，他们引经据典地向对方进攻，对一些复杂的问题巧妙地回答，引得场上喝彩声连连。在自由辩论环节中，双方手据理力争，思维严密，句句切中对方要害，不给对手留下任何破绽。最终，由我校学生力克劲敌，喜获桂冠！

自由辩论环节，4名辩手机智应对！

象征着荣誉的大锣鼓挂进了我校的校园，成了学校一道特别的风景线。

12名同学团结一致，才能稳定发挥。这次比赛的成绩归功于学校领导的关心和教练的辛勤付出。东华，加油！

同学们夺冠后受邀做客广播电台录制节目。在节目中，同学们风趣幽默的谈吐竞让主持人惊讶不已！

谁说男生嘴笨？他们在赛场一样显英姿！我校的两名男辩手沉稳，自信，具有良好的思辨能力和反应力，他们就是赛场的风景。

上图是我校刘兆杰同学在辩论赛上的精彩表现！尽管他只是智囊团的一名成员，但他丰富的课外知识和引经据典的能力无不让人赞赏！斯文的刘同学有着大能量哦。

本届最佳辩手陈嘉敏同学高高举起最有含金量的奖杯！她在比赛中展现出的睿智和口才令在场观众和评委啧啧赞叹，不愧是同学眼中的学霸，老师眼中的精英啊！

决赛的命题有很大的难度，正方的观点是自大比自卑更不利学生的成长，而反方的观点是自卑更不利于学生成长。

看，台下的啦啦队也没闲喊，他们为自己的偶像摇旗呐喊。正是因为有这样的正能量，才会取得骄人的成绩。

披荆斩棘　赛场无敌　　永不言败　只争第一

图 3-30 案例二

01 新建文档，在页面上方绘制一个矩形，填充黑色，如图 3−31 所示。

02 在页面下方也绘制一个矩形，填充 70% 的灰色，如图 3−32 所示。

03 利用渐变羽化工具分别将两个矩形羽化，得到如图 3−33 的效果。

04 输入标题文字，字体为"方正艺黑简体"，字号为 285 点，填充红色。继续输入正文文字，字体为"宋体"，字号为 63 点，完成效果如图 3−34 所示。

05 用钢笔工具绘制一个魔方的外轮廓。如果担心画不好，可以先下载一个魔方，然后沿着魔方的形状进行绘制，绘制完成后删除魔方图片即可，完成效果如图 3−35 所示。

06 继续绘制魔方中间的小方块，在绘制时要注意透视关系，完成效果如图 3−36 所示。

07 用钢笔工具沿着其中一个小方块绘制一个封闭的路径，如图 3−37 所示。

08 选中刚刚绘制的路径，执行置入命令，置入一张图片，并为图片进行圆角设置，完成效果如图 3−38 所示。

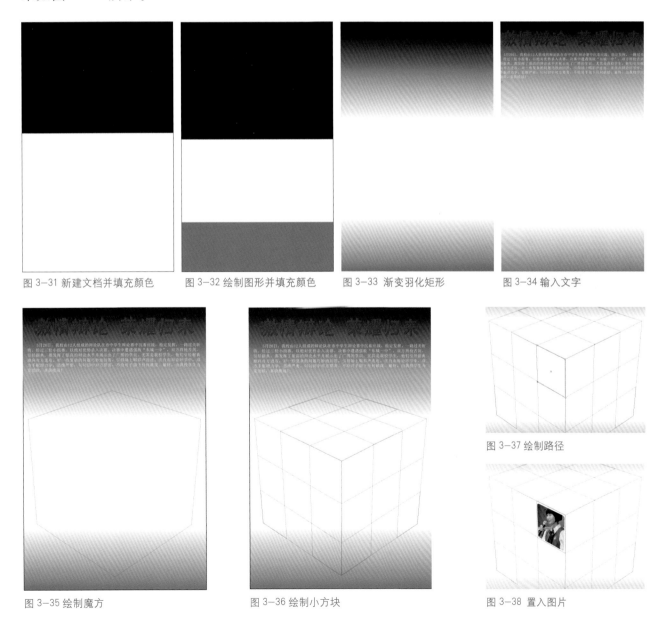

图 3−31 新建文档并填充颜色　　图 3−32 绘制图形并填充颜色　　图 3−33 渐变羽化矩形　　图 3−34 输入文字

图 3−35 绘制魔方　　　　　　　　图 3−36 绘制小方块　　　　　　　图 3−37 绘制路径

图 3−38 置入图片

09 用钢笔工具在旁边的位置再次绘制一个路径，图形适当比原本的方框小一些，如图 3-39 所示。

10 选中路径，置入图片，同样进行圆角设置，如图 3-40 所示。

11 操作同上，绘制并选中路径，置入图片于当前位置，对图片进行圆角设置，如图 3-41 所示。

12 操作同上，绘制并选中路径，置入图片于当前位置，对图片进行圆角设置，如图 3-42 所示。

13 操作同上，绘制并选中路径，置入图片于当前位置，对图片进行圆角设置，如图 3-43 所示。

14 操作同上，绘制并选中路径，置入图片于当前位置，对图片进行圆角设置，如图 3-44 所示。

15 操作同上，绘制并选中路径，置入图片于当前位置，对图片进行圆角设置，如图 3-45 所示。

16 操作同上，绘制并选中路径，置入图片于当前位置，对图片进行圆角设置，如图 3-46 所示。

17 操作同上，绘制并选中路径，置入图片于当前位置，对图片进行圆角设置，如图 3-47 所示。

18 操作同上，绘制并选中路径，置入图片于当前位置，对图片进行圆角设置，如图 3-48 所示。

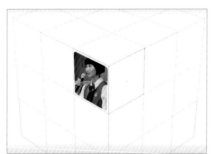

图 3-39 绘制路径

图 3-40 贴入图片

图 3-41 贴入图片

图 3-42 贴入图片

图 3-43 贴入图片

图 3-44 贴入图片

图 3-45 贴入图片

图 3-46 贴入图片

图 3-47 贴入图片

图 3-48 贴入图片

图 3-49 贴入图片

图 3-50 贴入图片

图 3-51 贴入图片

图 3-52 贴入图片

图 3-53 贴入图片

图 3-54 贴入图片

图 3-55 贴入图片

图 3-56 贴入图片

19 操作同上，绘制并选中路径，置入图片于当前位置，对图片进行圆角设置，如图 3-49 所示。

20 操作同上，绘制并选中路径，置入图片于当前位置，对图片进行圆角设置，如图 3-50 所示。

21 操作同上，绘制并选中路径，置入图片于当前位置，对图片进行圆角设置，如图 3-51 所示。

22 操作同上，绘制并选中路径，置入图片于当前位置，对图片进行圆角设置，如图 3-52 所示。

23 操作同上，绘制并选中路径，置入图片于当前位置，对图片进行圆角设置，如图 3-53 所示。

24 操作同上，绘制并选中路径，置入图片于当前位置，对图片进行圆角设置，如图 3-54 所示。

25 操作同上，绘制并选中路径，置入图片于当前位置，对图片进行圆角设置，如图 3-55 所示。

26 操作同上，绘制并选中路径，置入图片于当前位置，对图片进行圆角设置，如图 3-56 所示。

27 在如图 3-57 的位置用钢笔工具绘制一个路径。

28 如图 3-58 所示，在路径中输入图片说明文字。

29 同样的方法，给魔方右边的其他空着的小方块输入图片说明文字，完成效果如图 3-59 所示。

30 同样的方法，给魔方左边空着的小方块输入图片说明文字，完成效果如图 3-60 所示。

31 给魔方顶部的小方块输入图片说明文字，完成效果如图 3-61 所示。

32 将所有钢笔路径删除，在页面底部绘制一个矩形框，填充深灰色，输入文字，完成效果如图 3-62 所示。至此，设计完成。

图 3-57 绘制路径

图 3-58 输入文字

图 3-59 输入文字

图 3-60 输入文字

图 3-61 输入文字

图 3-62 输入底部文字

第三节 宣传橱窗的设计

一、案例一 (图 3-63)

01 新建文档，置入一张雪山图片，完成效果如图 3-64 所示。

02 在页面左边用矩形工具绘制一个矩形，顺时针旋转 11°，完成效果如图 3-65 所示。

03 在 Photoshop 中将该雪山图片调为暖色并保存，置入到当前矩形框中，完成效果如图 3-66 所示。

04 在矩形框中输入标题，字体为"方正粗宋简体"，字号为 217 点，颜色为橙色，完成效果如图 3-67 所示。

图 3-63 案例一

图 3-64 新建文档

图 3-65 绘制形状

图 3-66 置入图片

图 3-67 输入文字

05 在如图 3-68 的位置绘制一个矩形，填充橙色，同样顺时针旋转 11°。

06 在矩形框中输入文字，完成效果如图 3-69 所示。

07 在如图 3-70 的位置绘制一个矩形框，顺时针旋转 11°，填充白色，调整透明度为 37%。

08 在白色色块上输入文字，完成效果如图 3-71 所示。

09 在如图 3-72 的位置绘制矩形框，填充黑色，调整透明度为 40%，逆时针旋转 14°。

10 在黑色色块上方输入文字，完成效果如图 3-73 所示。

11 在如图 3-74 的位置绘制矩形框，填充白色，调整透明度为 37%，顺时针旋转 7°。

图 3-68 绘制形状

图 3-69 输入文字

图 3-70 绘制形状

图 3-71 输入文字

图 3-72 绘制形状

图 3-73 输入文字

图 3-74 绘制形状

图 3-75 输入文字

图 3-76 绘制形状

图 3-77 输入文字

图 3-78 绘制形状

图 3-79 输入文字

图 3-80 输入文字

图 3-81 输入文字

12 在白色色块上方输入文字，完成效果如图 3-75 所示。

13 在如图 3-76 的位置绘制矩形框，填充黑色，调整透明度为 69%，逆时针旋转 4.5°。

14 在黑色色块上方输入文字，完成效果如图 3-77 所示。

15 如图 3-78 所示，在页面下方绘制一个矩形框，填充白色，调整透明度为 39%，顺时针旋转 5°。

16 在白色色块上方输入文字，完成效果如图 3-79 所示。

17 如图 3-80 所示，绘制一个矩形框，填充黑色，顺时针旋转 11°，调整透明度为 54%，输入文字。

18 如图 3-81 所示，绘制一个矩形框，填充白色，逆时针旋转 13°，调整透明度为 37%，输入文字，整个宣传栏设计完成。

二、案例二（图 3-82）

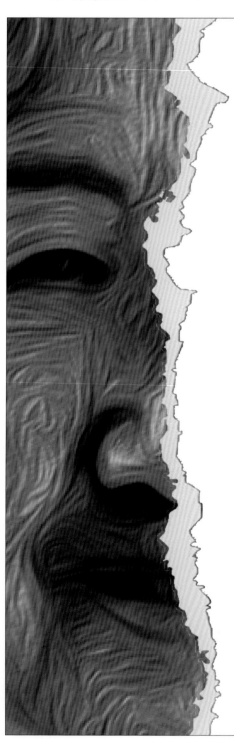

什么是光子嫩肤技术？

　　光子嫩肤实际上就是利用脉冲强光（Intensive Pulse Li
光（Q开关激光）来进行治疗的，也遵循激光同样的治疗原理，
地说，就是利用强大的脉冲光，也遵循激光"冲散"色素颗粒，

　　强脉冲光作用于皮肤后产生的光化学作用，使真皮层的胶质
另外，其所生产的光热作用，可增加血管功能，使循环改善，从

皱纹

采用光子嫩肤来有效地减少皱纹或者使肌肤更为光滑细腻。光子嫩肤所产生的强脉冲光作用于皮肤后能产生光化学作用，使真皮层的胶原纤维和弹力纤维内部产生分子结构的化学变化，恢复皮肤弹性，刺激细胞分泌更多胶原蛋白，抚平细小皱纹。另外，其生产的光热作用，可增强血管功能，使循环改善，让肌肤恢复年轻态，达到抚平皱纹、缩小毛孔的效果。

瘢痕

由于成因所也不同，在可成我们业上把它分个类型，常的有增生性瘢痕、瘢痕疙瘩、萎缩性瘢痕、挛缩瘢痕。
面部烫伤的处理应掌握其特点，根据烫伤程度及时采取妥善的处理尤为重要。

图 3-82 案例二

美的传奇

进行美容治疗的一种皮肤科治疗方法。其治疗本身是模拟脉冲激光对皮肤的穿透性和色素颗粒对强光的吸收性来进行治疗的。形象消退。

力纤维内部产生分子结构的化学变化，进而使皮肤恢复原有弹性。

除皱纹，缩小毛孔。

项一网打尽

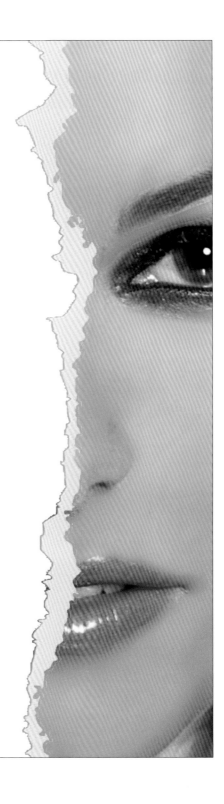

色斑

随着科学技术的发展，雀斑也可以得到很好的治疗，光子嫩肤就是一种很好的治疗雀斑的方法，这种整形方法主要是使用连续的强脉冲光子技术的非剥脱性疗法，来消除雀斑皱纹，还可以去除色素斑、改善毛细血管扩张等。光子嫩肤治疗雀斑方便，效果好，而且不会产生副作用，安全不反弹，是一种先进的祛斑技术。

红血丝

治疗红血丝就是利用光子嫩肤的选择性热反应，这种光含有被血红蛋白吸收的波长，当血管中的血红蛋白吸收光后，会将光转化为热能给整个血管加热，然后使红血丝被人体吸收，最终达到治疗红血丝的目的。而且光子嫩肤技术能刺激皮肤产生更多的胶原蛋白，使其与弹力纤维重新排列，让皮肤更有弹性。

01 新建文档，设置文档尺寸为 200×100 厘米，置入一张图片于页面左边，如图 3-83 所示。

02 继续置入一张图片于页面右边，如图 3-84 所示。

03 置入一张撕裂效果的图片于页面左边，与老人头像重叠一部分，完成效果如图 3-85 所示。

04 复制撕裂的纸张图片，水平翻转，与年轻人的头像重叠一部分。将以上图片选中并设为锁定状态，完成效果如图 3-86 所示。

05 在如图 3-87 的位置输入大标题，字体为"方正流行体简体"，字号为 372 点，将文字在整个页面中左右对齐，为标题添加投影效果。

06 在大标题下方输入小标题和文字，小标题的字体为"汉仪水滴体简"，字号为 99 点，填充橙色，正文字体为"宋体"，字号为 60 点，完成效果如图 3-88 所示。

07 在如图 3-89 的位置输入小标题，字体为"文鼎中特广告体"，字号为 200 点，填充橙色。

08 用矩形工具在如图 3-90 的位置绘制一个矩形框，圆角指数设为 45 毫米，颜色为淡紫色（CMYK 值为 13、55、21、0），完成效果如图 3-90 所示。

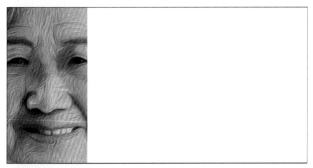

图 3-83 新建文档并置入左边的老人图片

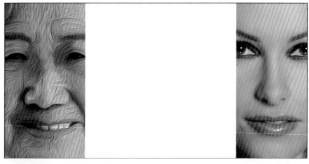

图 3-84 置入右边的年轻女子图片

图 3-85 置入撕裂效果的图片

图 3-86 复制带撕裂效果的图片

图 3-87 输入大标题

图 3-88 输入正文文字

图 3-89 输入小标题

图 3-90 绘制矩形框

图 3-91 复制图形

图 3-92 输入文字

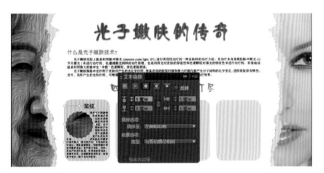

图 3-93 置入图片

图 3-94 输入文字

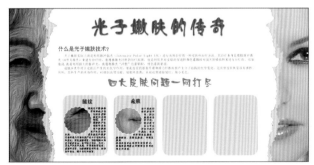

图 3-95 置入图片

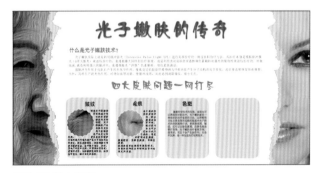

图 3-96 输入文字

09 复制 3 次矩形后，排列为如图 3-91 的样子。

10 如图 3-92 所示，在第一个色块上输入文字。

11 置入图片于第一个矩形框内，设置绕排形式为"沿对象形状绕排"，四周位移 5 毫米，如图 3-93 所示。

12 如图 3-94 所示，在第二个矩形框中输入文字。

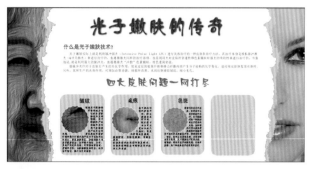

图 3-97 置入图片

图 3-98 输入文字

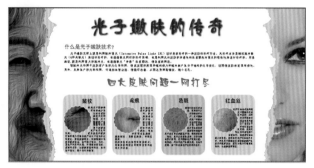

图 3-99 置入图片

13 置入图片于第二个矩形框内，设置与第 11 步相同的绕排模式，完成效果如图 3-95 所示。

14 如图 3-96 所示，在第三个矩形框中输入文字。

15 置入图片于第三个矩形框内，并输入文字，绕排模式同第 11 步，完成效果如图 3-97 所示。

16 如图 3-98 所示，在第四个矩形框中输入文字。

17 置入图片于第四个矩形框中，设置与第 11 步相同的绕排模式，完成效果如图 3-99 所示。至此，整个宣传板的设计完成。

Tips 关于展板的排版

一个好的展板设计，不仅是图片、文字的堆砌，而且需要一个好的形式感，在版式设计上要有新意和独到之处，才会给人留下过目不忘的印象。版式设计根据内容的多少，分紧密型、疏松型，相同的内容最好放在一起，并用不同的底色或边框加以区分。展板的排版要主次分明，块与块之间切忌过于拥挤。

展板设计中，标题用什么风格的字体也是非常讲究的，字体的使用应结合展板的内容，黑体、宋体宜体现严肃的宣传内容，优美活泼的字体适宜表现轻松娱乐的宣传内容。为了让标题一目了然，可以使用投影、描边、浮雕等效果，另外，标题的颜色应与背景色形成较大的反差，让标题凸显出来。

设计展板时，经常会用到各种背景图案或花边。在使用背景图案时，千万不能让背景图案太过花哨、烦琐、跳跃而使得主体内容不突出，因为，设计展板的最终目的是要将宣传内容展示给观众。

第四章／报纸的设计
——版式构造

本章概要

- 报纸的尺寸和排序
- 封面与头版
- 主页的使用
- 报纸内页的排版

第一节　报纸的尺寸和排序

一、报纸的尺寸

一般来说，报纸分大报（对开）和小报（4 开）两种，大报的尺寸为 390×540 毫米，排版时，上下左右各需要留出 15~20 毫米的边距。

二、报纸的排序

如今报纸的版面越来越多，必须通过编号来进行归类。一般来说，版面会分为 A、B、C、D 几个类别，要闻版块（新闻版块）通常被归为 A 版，所以，A01 表示要闻版块（新闻版块）的第一版。娱乐版一般被归为 B 版，财经版被归为 C 版。当然，如果其他的专题版块内容太少，构不成单独的板块，那么就一起归为 A 版；如果专题版块内容多，可以做成几页或单独成一叠，便用其他字母来进行区别。

报纸的排序其实和书籍是一样的，四五张报纸对折叠放在一起，首页是 A01 版（头版），第二页的左边就是 A02 版，右边就是 A03 版，以此类推。有一些报纸会单独做一个封面，封面不进行编号，罗列一些重要的新闻标题，为读者提供导引。封面背面不适合做头版，所以称为封二，可以用来编辑具体的新闻事件。封二右边的那页是头版，刊登最重要的新闻。

第二节　封面与头版

一、构成头版的主要元素

头版是一张报纸的灵魂，它由哪些元素构成呢？报纸头版主要由报头、报眉、报眼、头条、导读等组成，如图 4-1 所示。

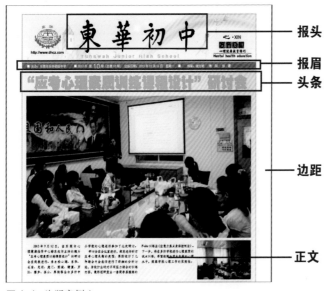

图 4-1a 头版实例 1

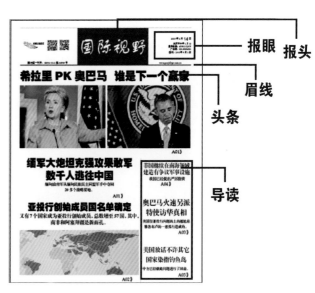

图 4-1b 头版实例 2

报头：一般安排在头版上端偏左、偏右或居中的位置，报纸的不同风格可通过字体、颜色、大小和底色的变化来体现。

报眉：指眉线上方所印的文字，包括报名、版次、出版日期、版面内容标识等。

报眼：一般被安排在报头的两侧，通常用来刊登比较重要的文字、图片，有的刊登当日的内容提要、天气预报、日历与广告等。

头条：用来刊登报纸各版的重要消息，通常安排在报纸的上半版。头版头条用来安排每期报纸最重要的内容。头条一般采用粗体字或大字号来彰显内容的重要性。

导读：一般位于头版的下半部或右边的区域，通常会列出标题或内容简介，以及其在版面中的具体位置。

二、头版排版应注意的问题

1. 把最重要的报道以及大照片（头条）放在版面的最上方。

2. 尽可能水平排列文章，而不要垂直排列。努力把头版报道的高度控制在 381～508 毫米，如果太长可转页。

3. 不要把标题并排排列，要使用照片、边框、图表，甚至采取留白的方法把它们分开，特别是标题字号一样大时。

4. 标题可使用多种字体或字号，以丰富版面效果。

5. 可使用一些有新意的排版设计，尤其是娱乐类或时尚类的报纸。

Tips 关于报纸封面

封面几乎列出了整张报纸的重要信息，但没有正文，只在标题下方指明了转版位置。为了避免标题过宽影响视觉效果，所以导读分两部分，左边是重要信息，右边是相对次要的信息。

三、案例分析——封面的设计（图4-2）

01 新建文档，设定长度为 545 毫米，宽度为 339 毫米，上下边距各为 2 毫米，内边距为 1.5 毫米，外边距为 1.7 毫米，如图 4-3 所示。

02 在页面上方 70 毫米处画一根线条，此线条

图 4-2 案例效果图

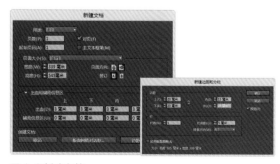

图 4-3 新建文档

为眉线，可将报头独立出来，如图 4-4 所示。

03 如图 4-5 所示，在眉线上方输入"陶艺家"3 个字，字体设置为"方正黄草简体"，字号为 130 点，填充蓝色。

04 复制"陶艺家"3 个字，填充红色，与蓝色字错开一些位置，完成效果如图 4-6 所示。

05 置入图片，放置在如图 4-7 的位置。

06 用工具栏中的剪刀工具将图片裁成左右两张，并将两张图片分开摆放，完成效果如图 4-8 所示。

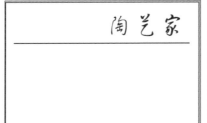

图 4-4 绘制线条　　　　　　　　　图 4-5 输入文字　　　　　　　　　图 4-6 复制文字

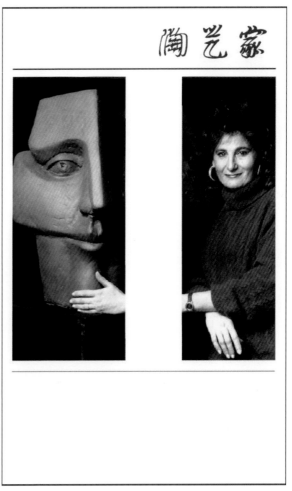

图 4-7 置入图片　　　　　　　　　图 4-8 裁剪图片

图 4-10 输入文字

图 4-13 置入图片

图 4-9 输入文字

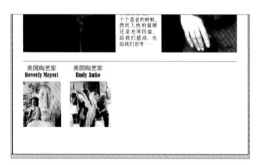

图 4-11 置入图片

图 4-12 置入图片

图 4-14 置入图片

07 如图 4-9 所示，在图片上方输入文字。

08 在两张图片中间的空白区域输入介绍文字，完成效果如图 4-10 所示。

09 置入图片，放置在如图 4-11 的位置，并在图片上方添加文字。

10 置入图片，放置在如图 4-12 的位置，并为图片添加文字。

11 继续置入图片在如图 4-13 的位置，并为图片添加文字。

12 继续置入图片在如图 4-14 右下角的位置，并为图片添加文字。

13 如图 4-15 所示，在图片的中间区域输入文字。

14 在距页面底部 20 毫米的位置画一条线，在线下方输入各种有关的信息，完成效果如图 4-16 所示。

15 如图 4-17 所示，在页面上方置入二维码。

16 在二维码下方输入日期等信息，完成效果如图 4-18 所示。至此，报纸封面设计完成。

Tips 关于报头部分的编辑

报纸的报头可以通过主页进行编辑和设置，方法是建立多个主页，根据版面需要编辑不同的报头，然后将主页应用于各个版面。这样的好处是不用对每期报纸的报头进行重复编辑，只需要修改少量内容即可。这种设计报头的方法比较适用于常规的报纸，因为这些报纸的报头几乎每期都是一致的。

图 4-15 置入文字

图 4-16 输入文字

图 4-17 置入图片

图 4-18 输入日期

四、作品欣赏

1. 报纸封面设计

图 4-19 《重庆日报》

2. 报纸头版设计

图 4-20 东华初中心理报

第三节 报头、报尾的设计

本节将利用主页的功能来编辑报头和报尾，以缩短工作时间，同时，使用主页对报头和报尾进行排版的另一个好处是，在编辑页面的时候，主页里的信息是不能修改的，这样就可以避免误操作。

下面，我们通过一个实例来学习使用主页对报纸的报头和报尾进行编辑的方法。

01 打开"页面"面板，一开始只有 A 主页，点击"新建页面"按钮，建立 B 主页，如图 4-21 所示。如果报纸页数比较多，就要多建几个主页。

02 点击 A 主页中右边那个页面，该页面是头版，因此要将报纸的名称设在这里。在页面中用矩形工具画一个矩形框，线条粗细设为"1"，给报纸设置一个边框，完成效果如图 4-22 所示。

03 在页面上方 65 毫米处绘制一个矩形框，填充橙色，如图 4-23 所示，该框就是这张报纸的眉线。

04 在眉线处添加文字，如第几期、主办方等信息，完成效果如图 4-24 所示。

05 如图 4-25 所示，在眉线上方置入一张图片，调整透明度至合适的效果。

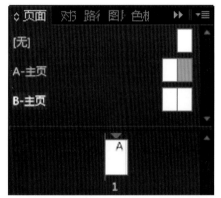

图 4-21 打开主页

图 4-22 绘制矩形

图 4-23 绘制矩形

图 4-24 输入文字

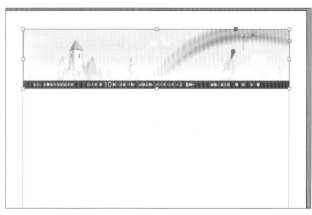

图 4-25 置入图片

06 在图 4-26 所示位置输入报纸的名称，报纸的名称一般会采用名人题字之类的手写体，如没有，则采用电脑字体。

07 在报纸的名称的左方置入该报纸的 Logo，完成效果如图 4-27 所示。

08 在报纸的名称的右边，也就是报眼的位置输入文字信息，完成效果如图 4-28 所示。

09 在图 4-29 的下方绘制一个矩形框，填充蓝色，并输入相关信息，可以是该报的网址、编辑的姓名等，至此，头版的主页就做好了。

10 接下来做第四版的主页，如图 4-30 所示，点击 A 主页左边那个版面（与头版挨着的就是最后一个版面），依旧在页面中设置页边距的位置。

图 4-26 输入报纸的名称

图 4-27 置入标志

图 4-28 输入文字

图 4-29 绘制矩形

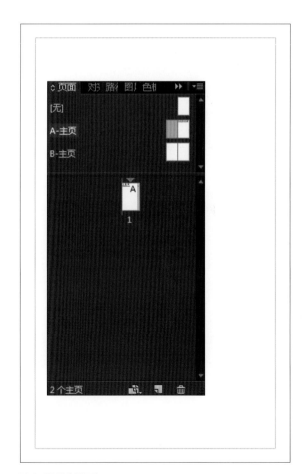

图 4-30 绘制矩形

图 4-31 添加文字

图 4-32 编辑报尾的文字信息

图 4-33 第一版、第四版完成效果

图 4-34 第二版、第三版完成效果

11 在边距上方添加文字，比如第几版、该版的名称等，完成效果如图 4-31 所示。

12 如图 4-32 所示，编辑第四版下方的信息。(该内容根据需要而定，并非每版都要设计报尾)

13 第一版和第四版的完成效果如图 4-33 所示。

14 依照此方法，设计出如图 4-34 所示的第二版和第三版的主页。

第四节 报纸内页的排版

一、文字与图片

报纸内页的排版相对简单，主要由标题、正文、图片和图片说明文字构成，文字与图片的比例依版面内容的需要而定。

文字是一张报纸的灵魂，分为标题文字、正文和图片说明文字 3 种，为了让读者能轻松地阅读，正文在排版过程中通常都要进行分栏，一般大报分 6 栏的居多，小报则分 5 栏。报纸的字体主要有 3 大类：宋体、黑体、楷体。标题字体一般用方正粗宋、方正超粗黑、方正大黑 3

种。正文一般用方正报宋、方正楷体、方正黑体 3 种。正文的字号常用的是小五号(9p)和六号(7.87p)，标题的基本原则是新闻越重要，标题的字号就越大。头版头条的标题几乎都是通栏的，而版面下方的标题较小。

图片在报纸中也占有很重要的地位，能让读者快速、直观地了解本报道的内容，并让读者根据自己的兴趣来决定要不要阅读它。随着时代的进步和生活节奏的加快，我国报纸由传统的"读文时代"进入"读图时代"，这既是对读者已经变化了的阅读习惯的主动适应，也是发挥图片的视觉优势、实现版面革新的结果。在当今快节奏的社会生活中，人们更乐意接受图形符号传播的信息。在编辑报纸时，图片需满足以下几点要求：图片与文字内容要一致，要具有真实性和新闻性；图片的像素要高，不能影响印刷效果；图片要有艺术性，给人良好的视觉享受。

报纸中的图片样式分水平式、垂直式、正方形和抠图式 4 种。

水平式　　　　　垂直式　　　　　正方形　　　　　抠图式

水平式与人的双眼看到的东西样式接近，是一种最符合观赏的方式；垂直式更具动感；正方形容易让人觉得沉闷乏味。但是，照片的内容始终比形式更重要，只要它具备视觉冲击力，并且适合报纸版面即可。

二、版式的设计

一个版面中，通常不止一篇文章，文章之间通常用细线或空白隔开。版式上其实没有固定的分割法，设计者可以灵活处理，如新闻类的版面可以中规中矩一些，而娱乐版可以活泼俏皮一些，运动版追求动感，时尚版追求前卫、高雅。

1. 图片型

这类版面一般以大幅图片来传递信息，吸引读者的眼球，可用于一些专刊的设计。优点是可以第一时间吸引读者的注意力，缺点是由于文字信息过少，可读性比较弱。

2. 文字型

这种类型一般适用于评论性质的版面，可用于学术报告或解读某个政府会议的精神等。优点是信息量大，缺点是版面没有特色、欣赏性不高。

3. 图文结合型

这是一种受观众喜爱的排版形式，几乎可以用于各种类型的报纸排版。

三、案例分析

1. 图片型（图 4-35）

01 新建文档，宽、高尺寸设为 360×544 毫米，在页面上方 20 毫米处绘制一个矩形，填充灰色，如图 4-36 所示。

02 选中矩形框，用工具栏中的羽化渐变工具对该矩形框进行渐变，完成效果如图 4-37 所示。

03 输入本版的栏目名称于栏线的上方，如图 4-38 所示。

04 如图 4-39 所示，在栏线的右边输入本版报纸的页码。

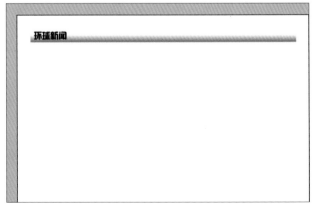

图 4-35 案例效果图

图 4-36 新建文档并填充颜色

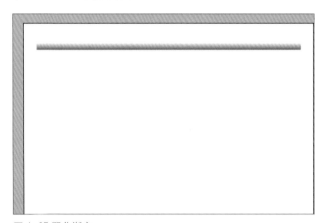

图 4-37 羽化渐变

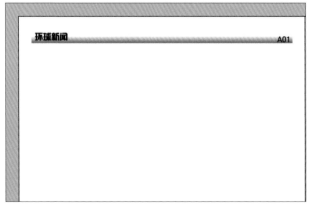

图 4-38 输入栏目名称

图 4-39 输入页码

05 置入一张图片，注意在四周留出报纸的边距，如图 4-40 所示。

06 用选取工具将图片的左边部分裁掉一些，完成效果如图 4-41 所示。

07 输入主标题，字体为"迷你简超粗黑"，字号为 103 点，并将前面两个字填充为黑色，其余为白色，完成效果如图 4-42 所示。

08 在图 4-43 的位置中输入副标题。

图 4-40 置入图片

图 4-41 剪裁图片

图 4-42 输入主标题

图 4-43 输入副标题

图 4-44 置入图片

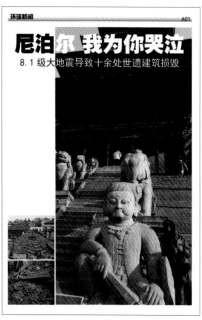

图 4-45 置入图片

图 4-46 置入图片

图 4-47 置入图片

图 4-48 输入文字

09 在如图 4-44 所示的位置置入一张图片，因为是地震报道，震后的图片先在 Photoshop 中进行去色处理。

10 再次置入一张图片在图 4-45 所示位置处。

11 置入第三张图片到如图 4-46 所示的位置。

12 置入第四张图片在图 4-47 所示位置处。

13 输入文字，设计完成，完成效果如图 4-48 所示。该设计以尼泊尔的古迹图片为主，突出震前和震后的对比效果。

2. 图文结合型（图 4-49）

尼泊尔的教育制度

尼泊尔是一个重视基础教育的国度，一个爱孩子的国度。尼泊尔的孩子在6岁前接受学龄前教育，此后有10年的义务教育，5年的初等教育、3年的初级中等教育和2年的中级中等教育，另外还有2年的高级中等教育，也称大学预科，至此基础教育基本结束。

尼泊尔的高等教育一般是7年，3年本科、2年硕士、2年博士。政府对6～14岁未入学的孩子提供校外教育，还有职业教育、成人教育、女童教育、特殊教育、远程教育和开放教育等多种补充教育形式。

尼泊尔是个贫穷的国家，但经常可以从路上、杜巴广场和神庙边看到成群结队的、穿着漂亮校服的学生。看得出，这个国家非常重视教育，"再穷不能穷教育"，几乎所有的孩子都能接受到不同程度的教育。

尼泊尔规定，学生必修一门外语。尼泊尔的文化与教育深受印度影响，由于尼泊尔人自幼爱看印度电影，无师自通地会说印度语。另外，尼泊尔的英语普及率很高，而尼泊尔人讲英语有着浓重的印度口音，原因是他们最初的英语老师都来自印度，久而久之使然。

学前教育

尼泊尔的学前教育（幼儿园）年龄段一般是3～6岁。我们来到的是一个规模很小的幼儿园，位于玛格拉蒂河边，不远处就是著名的帕舒帕蒂神庙。

走进这所幼儿园是中午12点左右，孩子们正在用餐，每个孩子都端着小碗在吃一种粥类的食物，有些吃得满脸都是，十分可爱。

没有见到他们是如何上课的，甚是可惜。但从他们的校舍来看，只有两间非常简陋的教室和一个院子。据老师介绍，整个幼儿园共30名学生，分成两个班，中午在学校寄宿，下午四点回家，平时会教他们儿歌、画画、做游戏，说是幼儿园，其实更像是一个临时的托管所。

尼泊尔的孩子都长着一双灵动的大眼睛，尤其是有些家长从小就给孩子描眼线、点朱砂，更是觉得漂亮可爱。见到我们，孩子们很快便围上来，用中文说："有没有糖？"看来，向游人要糖果是尼泊尔孩子习惯做的一件事情，也许是他们平时欠缺零食导致，也可能是游人习惯性地带些糖果来取悦孩子们造成的。

孩子们虽小，但善良的天性已然可见，有些没有分到糖果的孩子，也并不气恼，临走时，还帮我们拉上包包的拉链，一遍一遍地挥手道别。

公立小学

我们来到的这所公立小学位于博卡拉的郊区，和所有的学校一样，有个大大的操场，教室是简陋的平房，大概有6间教室，学生100多人。

我们到的时候是上午十点，正值学生上学时间。校长和老师早早站在操场上迎接着学生的到来。等学生到齐，全部分班站在操场上进行一番祷告，然后是唱歌，最后才进入教室开始上课。

尼泊尔的学费较为便宜。学生多来

自周边不远的地区。有的家庭富一些，有的穷一些，但都担负得起每月100尼泊尔卢比的学费和伙食费。相比之下，与之一墙之隔的私立学校的费用则高达每月3000尼泊尔卢比，这对低收入家庭而言很困难。

午休时间很短，学生三五成群到食堂吃饭。说"食堂"并不准确，因为"堂食"只是做饭的场所，并没有用餐的场地，每个学生领到食物后只能坐在操场边吃。也许是为了控制成本，哪怕是正餐，学生的营养摄入量也不大，大多是些咖喱蔬菜之类的配菜，偶尔吃"馍馍"做主食——那是一种做得像饺子或小笼包的带馅食物。

乡村中学

在探访尼泊尔的时间里，给我印象最深的就是那里穿着各式校服的学生们，不管在什么时间，走在哪里，总能见到他们的身影，甚至我一度怀疑尼泊尔的学生是不是在上课时间可以随意外出。可后来的种种经历证明我的怀疑是错误的。

我们了解到尼泊尔的乡村中学大都是上午10点上学，下午4点放学，村民也是吃两餐，中午不吃饭，这样便于孩子们上下学回家。

当我们来到这所乡村中学时，孩子们欢快地在操场上玩耍，有些男生在踢足球，有些女生在做游戏。校长说，这是他们放学前的运动时间。

校长引我来到他的办公室。这是一间不大的房间，墙上挂满师生合影和教育部门领导来访的照片，还贴着一些简报，内容大多是"我校获得XX荣誉"之类。

尼泊尔是一个非常重视教育的国家，虽然整个国家都很贫穷，但贫穷并没有改变人们对知识的渴望。据说，尼泊尔的所有学校都实行的是西方式的前卫教学方式，他们追求的是解放学生的天性，更注重学生的全面发展和创造性。上课的方式也很多样化，不会只局限于教室里，会把更多的教学时间放在社会实践方面，让学生在实践中学习。我想，再穷不能穷了教育，再苦不能苦了学生，尼泊尔是真的做到了。

图 4-49 案例效果图

01 新建页面，报头复制上个案例的报头，修改页码为 A02，在如图 4-50 所示的位置用钢笔工具画出两条竖线。

02 置入图片在图 4-51 所示位置处。

03 用矩形工具在图片的上方绘制一个矩形，填充黑色，完成效果如图 4-52 所示。

04 分别对图片和矩形进行渐变羽化操作，使两者能更好地衔接起来，完成效果如图 4-53 所示。

图 4-50 绘制线条

图 4-51 置入图片

图 4-52 绘制矩形

图 4-53 渐变羽化

图 4-54 输入标题

图 4-55 输入标题

图 4-56 输入标题

图 4-57 输入标题

05 输入标题，如图 5-54 所示，给主标题和副标题设置不同的字体和字号。

06 输入文字内容，如图 5-55 所示，两边的文字最好采用串接功能，方便后期插入图片。

07 置入图片到图 4-56 所示的左边的文本框中，设计绕排格式为沿边界绕排，上下位移 3 毫米。

08 继续置入两张图片，完成效果如图 4-57 所示。至此，本版的设计完成。

3. 文字型（图4-58）

01 新建文档，宽、高尺寸为360×544毫米。在页面上方20毫米处绘制一个矩形，填充灰色，并用渐变羽化工具对该矩形进行渐变。输入本版的栏目名称"校园快报""A03版"于矩形上方，效果如图4-59所示。

02 用矩形工具画一个矩形，填充颜色，CMYK值为15、100、100、0，如图4-60所示。

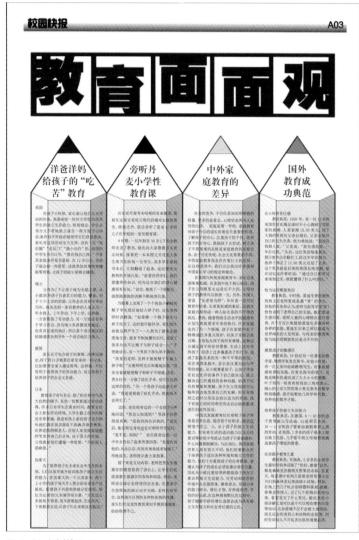

图4-58 案例效果图

图4-59 新建文档并输入标题

图4-60 绘制矩形并填充颜色

03 用矩形工具画一个矩形，填充白色，复制4次后将5个矩形框平均分布在红色矩形内，如图4-61所示。

04 输入标题文字"教育面面观"，字体为"迷你简超粗黑"，字号为142点，颜色和矩形框的红色一致。如图4-62所示。

05 移动五个文字在白色矩形框内的位置，效果如图4-63所示。

06 用钢笔工具画出一个像铅笔一样的轮廓，线条颜色为黑色，线条粗细设为1.81点，如

图 4-64 所示。

07 继续用钢笔工具画出如图 4-65 的形状，线条粗线设为 0.25 点，填充颜色，CMYK 值为 0、0、0、5。

08 继续用矩形工具在铅笔笔杆的中间画出一个矩形，线条粗细设为 0.25 点，填充颜色，CMYK 值为 0、0、0、10，如图 4-66 所示。

09 继续用钢笔工具画出如图 4-67 的形状，线条粗细设为 0.25 点，填充颜色，CMYK 值为 0、0、0、30。

10 用钢笔工具在如图 4-68 的位置上画出铅笔的笔芯，并为其填充玫红色。

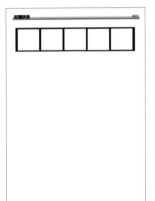

图 4-61 绘制矩形、填充并复制颜色　　图 4-62 输入标题

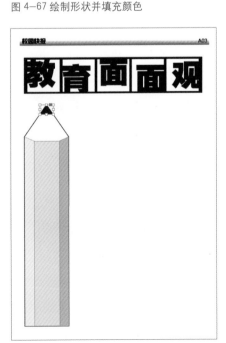

图 4-67 绘制形状并填充颜色

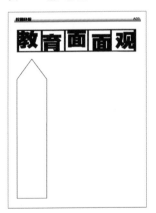

图 4-63 移动文字　　　　　　　图 4-64 创建轮廓

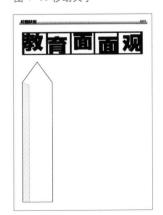
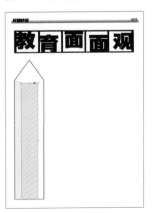

图 4-65 绘制形状并填充颜色　　图 4-66 绘制矩形并填充颜色　　图 4-68 绘制笔芯并填充颜色

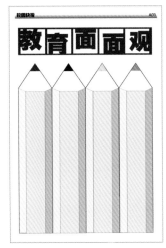

图 4-69 复制铅笔

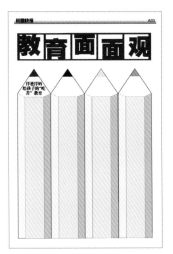

图 4-70 输入文字

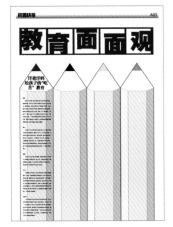

图 4-71 输入文字

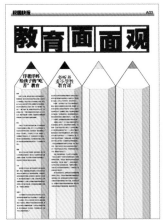

图 4-72 输入文字

图 4-73 完成设计

11 将画好的铅笔复制 3 次，摆放为如图 4-69 的样式，并将 4 个铅笔芯的颜色换成 4 种不同的颜色即可。

12 将文字光标放在第一支铅笔的笔尖位置，输入文字，字体为"方正粗宋简体"，字号为 27 点，如图 4-70 所示。

13 在如图 4-71 的位置用文字工具拖出一个文字框，输入文字，字号为 12 点，字体为宋体。

14 在第二个铅笔图形中如图 4-72 所示的位置输入标题和正文文字。

15 在剩余的 2 个铅笔图形中都输入相应的标题和正文文字。至此，整体制作完成，效果如图 4-73 所示。

Tips 关于文本形状的修改

有时我们需要将文字粘贴到一些特殊的形状里来营造某种氛围，这时，有 3 种办法可以实现这种效果，一是用文字工具先拖出一个文本框，然后用直接选择工具点击某个锚点，或用钢笔工具在文本框上增加锚点来修改文本框的形状；二是直接用钢笔工具绘制形状，然后在图形内部粘贴文字即可；三是在文字内部直接输入文字，此操作需要将文字转变为轮廓。

第五章

画册的设计
——图片管理

本章概要

- 新建文档与尺寸设定
- 画册封皮设计
- 画册目录设计
- 画册内页设计
- 画册折页设计

第一节 新建文档与尺寸设定

一、纸张的尺寸

目前国际通用的纸张规格是 889×1194 毫米，我们将其称为大度纸（还有几种不同规格的大度纸，如 850×1168 毫米、880×1230 毫米、889×1194 毫米）。而国内经常使用的纸张规格是 787×1092 毫米，我们称其为正度纸。因此，用不同规格的纸张裁剪出来的同一开本杂志，其大小是不相同的。

大度纸各种开本的尺寸为：大 16 开，210×297 毫米；大 32 开，1480×210 毫米；大 64 开，105×148 毫米。

正度纸各种开本的尺寸为：16 开，188×265 毫米；32 开，130×184 毫米；64 开，92×126 毫米。

以上尺寸为纸张原始尺寸，但由于机器要抓纸、走纸的缘故，纸张的边缘是不能印刷的，因此，纸张的原始尺寸会比实际规格要大，等到印完再把边缘空白的部分切掉，形成成品尺寸。所以，成品尺寸＝纸张尺寸－修边尺寸。例如正度号纸做出的书刊除去修边以后的成品尺寸为：8 开，260×368 毫米；16 开，185×260 毫米；32 开，130×184 毫米。而 889 号纸张的成品尺寸为 8 开，285×430 毫米；16 开，210×285 毫米；32 开，140×210 毫米。

目前，市场上的画册尺寸以大度 16 开（210×285 毫米）居多，此外有 32 开、12 开和 8 开，画册大小主要视制作方的考虑而定，还需符合印刷纸张的开度，否则会造成浪费。如果是艺术品画册，一般开本会比较大，如 12 开、8 开；如果是企业宣传册或产品介绍，注重轻便、利于携带，则可以做成 16 开、32 开。

正方形画册的尺寸一般有以下 3 种：210×210 毫米、250×250 毫米、285×285 毫米。

二、文档的设置

这里以 12 开画册的内页为例，画册成品尺寸为 2700×286 毫米，这是一种类似正方形的画册，开本比较大，图例会比较清晰。这里的尺寸设置是指其中一个单面的尺寸，注意四边一定都要留出 3 毫米的出血位，这样才能保证主页的内容不被裁剪。另外，如果画册中的图片多以横向为主，页面设置可以设为横向的，这样比较好排版。装订方向一般选择从左到右的装订方式。设计的时候，最好两面同时设计，这样才能把握画册的风格。（图 5-1、图 5-2）

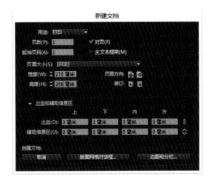

图 5-1 新建文档

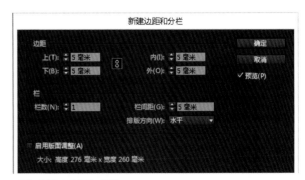

图 5-2 新建边距和分栏

三、画册封皮设计

1. 画册封皮的尺寸

封皮往往是一本画册整体风格的呈现，不仅可以起到保护书芯的作用，而且给人以美的享受。书籍封面由以下几部分构成：封面、封底、书脊、勒口。书脊位于封面与封底之间，体现一本书的总体厚度。勒口亦称飘口、折口，是指书籍封皮延长的内折部分，可编排作者或译者简介，或介绍同类书目的有关信息，也有空白勒口。

书脊厚度的计算方法：页数 ÷ 2 × 内页所用纸的厚度。

勒口宽度以封面宽度的 1/3 ~ 1/2 为宜，并且封面和封底都应向勒口增加 2 毫米的出血位，以便于印刷。书籍封皮宽度的整体尺寸：勒口 ×2+ 成品尺寸 ×2+ 书脊宽度 + 出血。

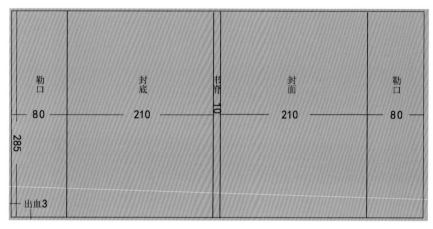

图 5-3 封皮尺寸（单位：毫米）

上图（图 5-3）是以大 16 开为例做的一个画册封皮的尺寸设置：封面（210 毫米）＋封底（210毫米）＋勒口（80 毫米）×2+ 书脊（10 毫米）＋出血（6 毫米）＝整个封皮的宽度。

2. 画册封皮的内容

画册封面旨在向读者传达书的主题、内容，并通过封面的整体风格、画面等视觉效果吸引读者，给读者一种直观的印象。封面一般由图片、书名、作者名、出版社名构成，风格应保持与画册内容一致。封底一般与封面相呼应，可放置条形码、价格、书号等信息。书脊是封面的重要组成部分，书架上陈列的书，唯一显露于外的部分就是书脊，设计师需充分认识在这一狭窄空间里传达信息的重要性。书脊一般由书名、作者名、出版社名构成。勒口是封面与封底的延伸，可用来介绍作者或丛书信息。

第二节 画册封皮设计

一、艺术品画册的封皮设计

封皮是画册的灵魂。艺术品画册的封皮追求的是高雅的风格，因此在设计时尽可能简洁一些。封皮不仅直接反映该画册的内容，还是整本画册风格的缩影，尤其要从美学角度带给受众新奇的审美视角和独特的审美享受。

1. 没有勒口的封皮设计案例（图 5-4）

此类型的封皮在设计的时候一定要精确计算书脊的厚度。

图 5-4 案例效果图

01 新建文档，因为这是一本大 16 开的画册，因此设置文档宽度时需要把封面、封底和书脊的宽度都计算在内。本案例宽度设为 580 毫米，高度 210 毫米，四周各出血 3 毫米，如图 5-5 所示。

02 首先要确立书脊的大小和位置，该书厚度为 10 毫米，画出一个宽度为 10 毫米的矩形，对齐页面的中心，如图 5-6 所示。

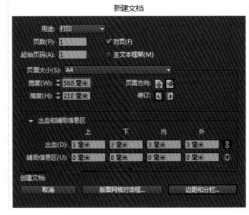

图 5-5 新建文档

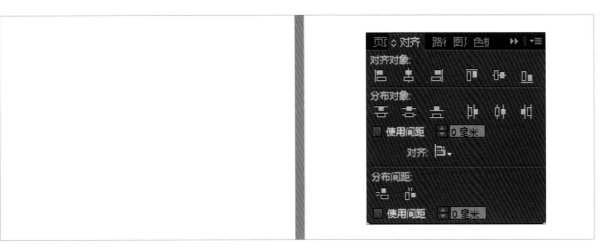

图 5-6 对齐对象

03 按快捷键 Ctrl+D 置入图片，调整大小后放置在封面，如图 5-7 所示。

04 在图片下方用矩形工具画一个矩形，填充灰色，CMYK 值为 0、0、0、90，调整透明度为 65%，完成效果如图 5-8 所示。

05 在封底先绘制一个矩形并填充橙色，CMYK 值为 33、63、92、2，然后在封底下方绘制一个矩形，填充深灰色，CMYK 值为 0、0、0、90，完成效果如图 5-9 所示。

图 5-7 置入图片

图 5-8 在封面绘制矩形并填充颜色

图 5-9 在封底绘制矩形并填充颜色

图 5-10 输入主书名

图 5-11 输入副书名

图 5-12 输入文字

06 输入主书名"心灵之旅",字体为"方正超粗黑简体",字号为 92 点,做描边处理,描边粗细为 7 点,完成效果如图 5-10 所示。

07 输入副书名"——西藏摄影作品集",字体为"汉真广标",字号 36 点,颜色为黄色,完成效果如图 5-11 所示。

08 在封底输入与封面反向排序的主书名,如图 5-12 所示,此举是为了增加画册的趣味性,并能与封面相呼应。但字体的处理稍有不同,封底采用实心字的效果,这是同中求异的手法。在封底输入与封面反向排序的副书名,字号、字体颜色均与封面的副书名一致。

图 5-13 输入书脊文字

　　09 在书脊处输入书名与出版社名称，整个封面设计完成，完成效果如图 5-13 所示。本案例侧重于版式设计，在画册封皮设计中，还有一些元素如条形码、价格、作者等，需要添加在封底或封面处。

　　2. 有勒口的封皮设计案例（图 5-14）

　　01 新建文档，由于这是一个包含勒口的画册封面，画册的成品尺寸是 270×285 毫米，所以在宽度一栏要包括一个封面和封底、两个勒口（95 毫米 ×2）和一个书脊（10 毫米）的宽度，

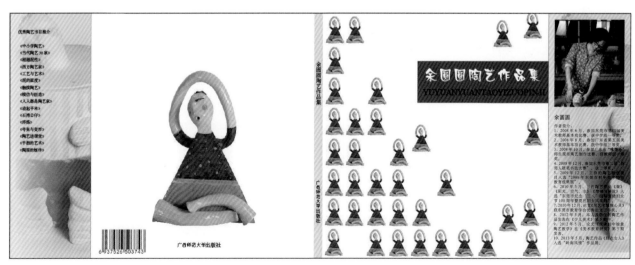

图 5-14 案例效果图

总宽度为 740 毫米，高度不变，出血 3 毫米。文档建好后，用矩形工具画出一个宽 10 毫米的矩形框并填充颜色，高度以能盖住上下的出血位为宜，用对齐工具将其对齐页面的中心，这便是书脊的大小，如图 5-15 所示。

02 用矩形工具绘制一个宽 95 毫米的矩形放置在页面的最左边（左勒口），并填充颜色，CMYK 值为 0、10、20、0，再复制一个同样的矩形放置在页面的最右边（右勒口），如图 5-16 所示。

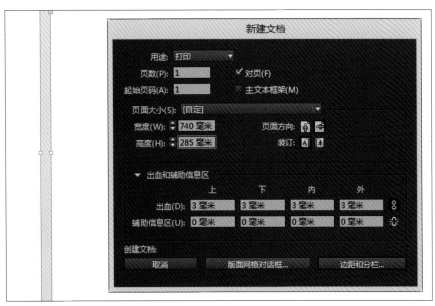

图 5-15 新建文档

图 5-16 在勒口处绘制图形

03 用矩形框画一个矩形，放置在如图 5-17 所示的位置，填充色的 CMYK 值为 36、82、70、15。

04 在矩形框内输入书名。如果中文和英文同时输在一个文本框内，则要设置复合字体；如果分两个文本框输入，则单独设置字体，如图 5-18 所示。

05 置入名叫"阿娇"的图片，放置在封面左下角的位置，如图 5-19 所示。

06 复制图片，按 Alt 键水平拖拽到如图 5-20 所示的位置。

07 执行"多重复制"命令，复制次数设为"8"，完成效果如图 5-21 所示。

08 选中第一排图片，复制到第二排的位置，完成效果如图 5-22 所示。

09 多次复制图片，摆放成如图 5-23 的样子。

10 将部分图片拖拽，形成疏密结合的布局，选中所有"阿娇"图片，按 Ctrl+G 进行群组，如图 5-24 所示。

11 在封底插入 ·张"阿娇"图片，摆放在如图 5-25 所示位置并调整大小，使封面与封底相呼应。

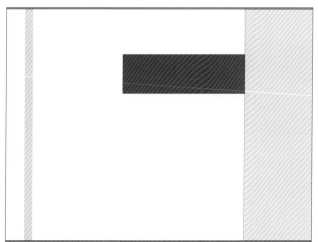

图 5-17 绘制矩形

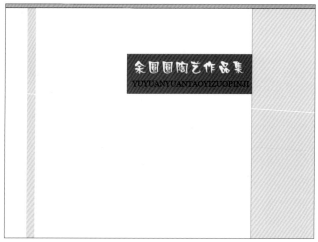

图 5-18 输入书名

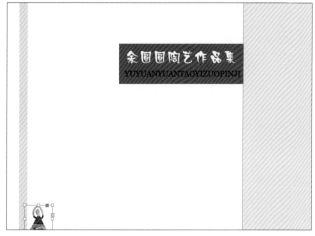

图 5-19 置入图片

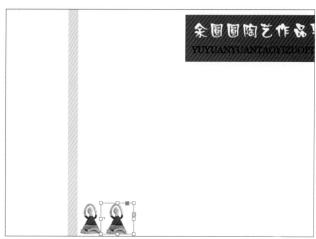

图 5-20 复制图片

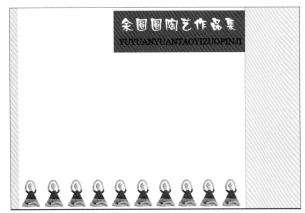

图 5-21 复制 8 个图片

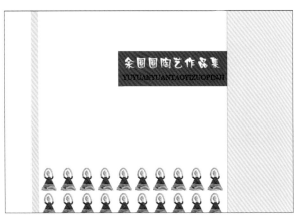

图 5-22 复制第二排图片

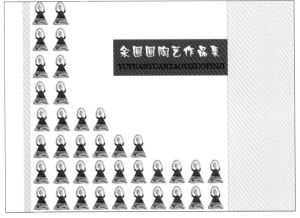

图 5-23 复制并调整图片位置

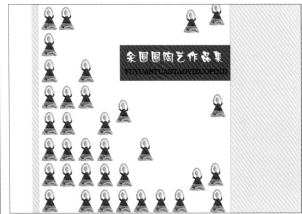

图 5-24 对图片进行群组并布局

图 5-25 在封底置入图片

12 在封底置入条形码，输入出版社名，效果如图 5-26 所示。

13 在右边勒口处插入一张图片，用渐变羽化工具进行横向的渐变羽化处理，完成效果如图 5-27 所示。

14 置入一张作者的照片，放置在如图 5-28 所示的勒口上部。

14 输入作者简介，放置在如图 5-29 所示的作者照片下方。

15 在左边勒口处复制右勒口处的羽化图片，并输入优秀书目索引的相关文字，完成效果如图 5-30 所示。

16 在书脊处输入书名和出版社名，完成效果如图 5-31 所示。至此，整个设计完成。

图 5-26 置入条形码、输入出版社名

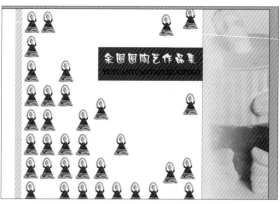

图 5-27 横向渐变羽化

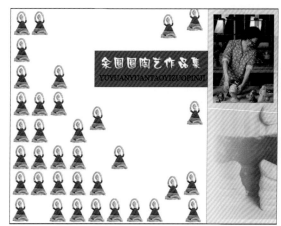

图 5-28 置入作者图片

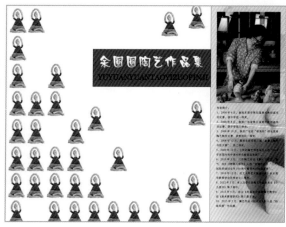

图 5-29 输入作者简介

图 5-30 输入优秀书目索引

图 5-31 输入书名与出版社名

第三节 画册目录设计

画册目录不同于书籍、杂志目录，画册目录的信息量相对较少，所以在设计时应简洁明了，另外，结合画册内容做一些个性设计能为画册增分不少。下面为大家介绍两款图文结合的目录设计案例。

一、案例一（图5-32）

图5-32 案例一效果图

01 新建文档，如图5-33所示，纸张设为大16开，横向，在页面右上方绘制一个矩形，填充蓝色，CMYK值为100、0、0、0。

02 利用切变角度工具将矩形往右边倾斜30°，如图5-34所示。

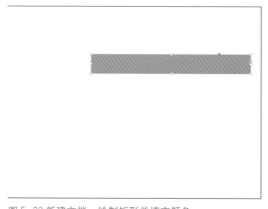

图5-33 新建文档、绘制矩形并填充颜色

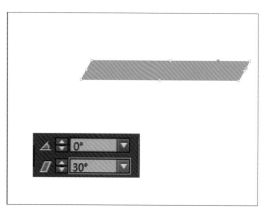

图5-34 变形

03 在矩形的右下角再绘制一个小矩形，也利用切变角度工具往右倾斜30°，如图 5-35 所示。

04 如图 5-36 所示，用选择工具将两个矩形都选中，执行：对象／路径查找器／减去命令，大矩形的右下角被减去。

05 在矩形的左边绘制一个小矩形，如图 5-37 所示。

06 用切变角度工具将矩形倾斜24°，如图 5-38 所示。

07 选中变形后的矩形，按 Ctrl+D 置入一张图片，并将图片贴入矩形内部，如图 5-39 所示。

08 如图 5-40 所示，复制上一个矩形长条，填充颜色，设置 CMYK 值为 80、0、0、0。

09 复制左边的矩形框，置入另一张图片在图 5-41 所示位置，调整图片的大小。

10 如图 5-42 所示，复制右边的矩形长条，填充颜色，设置 CMYK 值为 60、0、0、0。

11 如图 5-43 所示，复制左边的矩形框，置入图片于矩形框内。

12 复制右边的矩形框，填充颜色，设置 CMYK 值为 50、0、0、0，完成效果如图 5-44 所示。

13 如图 5-45 所示，将图片置入左边的矩形框内部。

14 复制右边的矩形框，填充颜色，设置 CMYK 值为 30、0、0、0，完成效果如图 5-46 所示。

15 如图 5-47 所示，复制左边的矩形框，置入图片。

16 在右边的矩形框内输入文字，完成效果如图 5-48 所示。

17 在矩形框的右边输入页码，完成效果如图 5-49 所示。

18 在右上角的位置用钢笔工具绘制一个如图 5-50 的形状，填充浅灰色。

19 输入标题"目录 CONTENTS"，完成效果如图 5-51 所示。至此，目录设计完成。

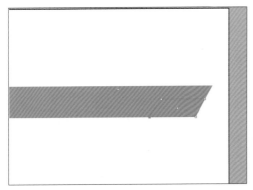

图 5-35 绘制矩形并变形

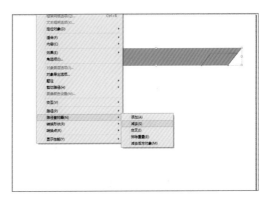

图 5-36 减去部分图片

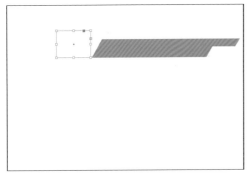

图 5-37 绘制矩形

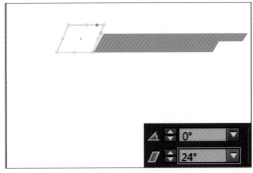

图 5-38 变形

图 5-39 将图片贴入矩形内部

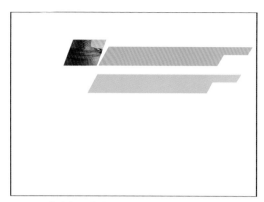

图 5-40 复制矩形长条

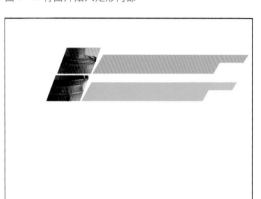

图 5-41 贴入第二张图片

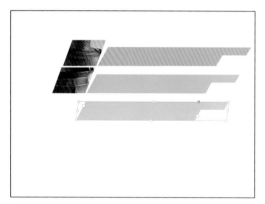

图 5-42 复制第三个矩形长条

图 5-43 贴入第三张图片

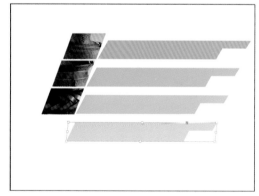

图 5-44 复制第四个矩形长条

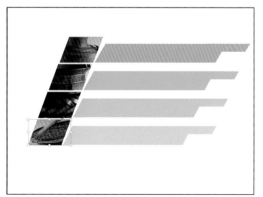

图 5-45 贴入第四张图片

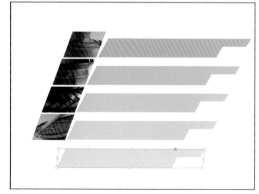

图 5-46 复制第五个矩形长条

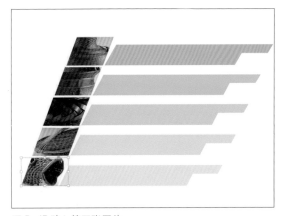

图 5-47 贴入第五张图片

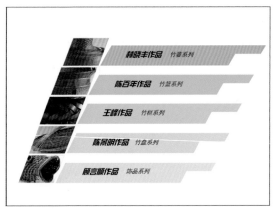

图 5-48 输入文字

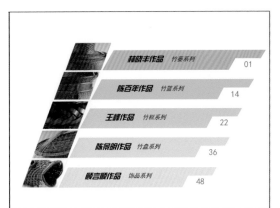

图 5-49 输入页码

图 5-50 绘制图形

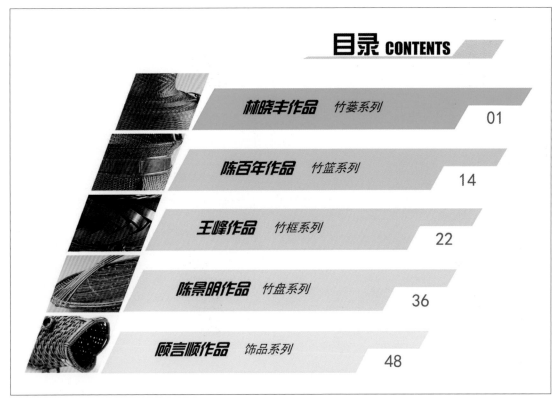

图 5-51 输入标题

二、案例二（图5-52）

01 新建文档，文档大小为285×210毫米，在页面上画一个满页的矩形框，要盖住四周的出血位，填充颜色，设置CMYK值为0、0、0、20，完成效果如图5-53所示。

02 在页面中置入图片，放置在如图5-54的位置。

03 置入图片2，放置在如图5-55的位置。

04 置入图片3，放置在如图5-56的位置。

05 置入图片4，放置在如图5-57的位置。

06 在每张图片的外面绘制比图片略大的矩形框，不填色只描黑边，描边粗细为2点，如图5-58所示。

07 在图片的上方用钢笔工具绘制一条直线，粗细设置为1点，如图5-59所示。

08 按照图5-60中的形状用钢笔工具画上线条。

09 在图5-61的位置用圆形工具画出圆形，描边粗细为2点，黑色，内部填充红色。

10 复制圆形到直线与折线的交叉点上，如图5-62所示。

11 在圆形上方输入画册分类内容及页码，完成效果如图5-63所示。

12 在页面右上方输入标题"目录CONTENTS"，设置文字的字号与字体，完成效果如图5-64所示。

13 用钢笔工具在标题的下方和右边画出如图5-65的线条，粗细为3点，颜色为灰色。至此，目录页的设计全部完成。

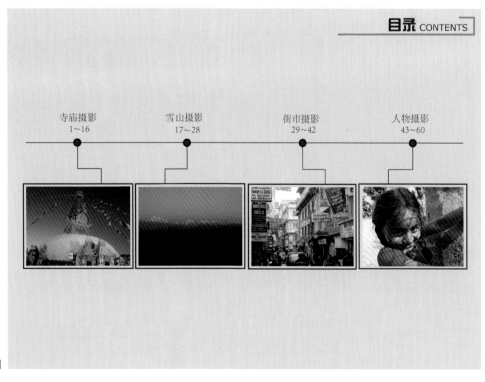

图5-52 案例二效果图

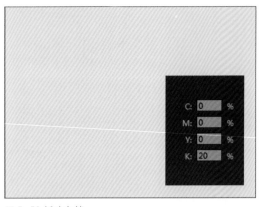

图 5-53 新建文档

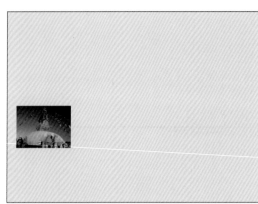

图 5-54 置入图片 1

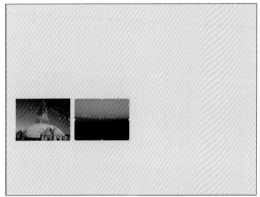

图 5-55 置入图片 2

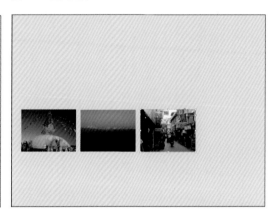

图 5-56 置入图片 3

图 5-57 置入图片 4

图 5-58 描边

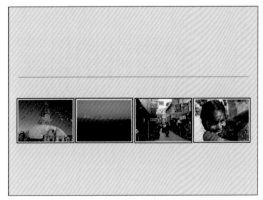

图 5-59 绘制一条直线

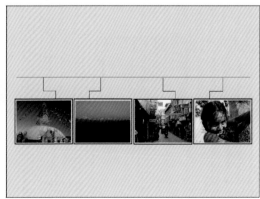

图 5-60 绘制折线

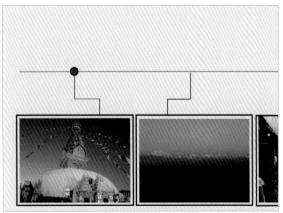

图 5-61 绘制圆形

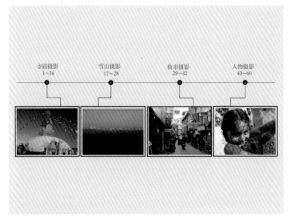

图 5-63 输入文字与页码

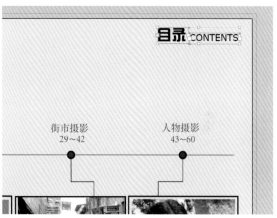

图 5-64 输入标题

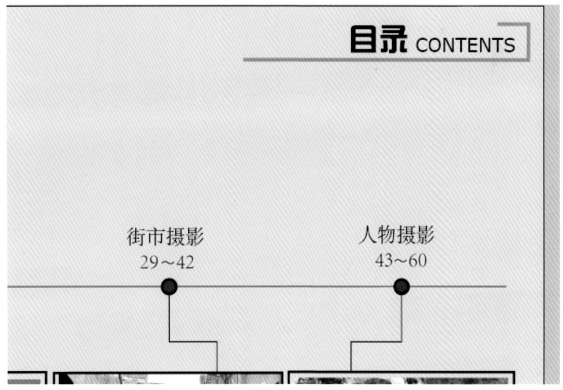

图 5-65 绘制图形

第四节 画册内页设计

画册的内页设计有比较大的发挥空间，可以根据画册的内容来决定内页的设计风格。房地产画册可以设计得高贵典雅，艺术品画册可以设计得淡雅清新，工业产品画册可以设计得现代时尚，女性时装画册可以设计得新奇前卫……

画册设计基本上都要在四周留出 20 毫米的边距，图文一般安排在边距框以内，但有时为了获得一种张扬、大气的美感，也可以不受边框的束缚进行满页排版。下面给大家介绍几款不同风格的内页设计。

一、案例一（图 5-66）

01 新建文档，点击"页面"面板右上角的小三角，弹出对话框，将"允许文档页面随机排布"和"允许选定的跨页随机排布"两项命令的选择取消，将两个页面拖到一起并排排列，如图 5-67 所示。

02 在页面中画一个满页的矩形框，填充颜色，设置 CMYK 值为 73、69、94、47，完成效果如图 5-68 所示。

03 置入图片 1 到如图 5-69 的位置。

图 5-66 案例一效果图

04 置入图片 2 到如图 5-70 的位置。

05 置入图片 3 到如图 5-71 的位置。

06 置入图片 4 到如图 5-72 的位置。

07 置入图片 5 到如图 5-73 的位置。

08 置入图片 6 到如图 5-74 的位置。

09 置入图片 7 到如图 5-75 的位置。

10 输入文字，放置在左页的空白处，设置字体颜色为白色，完成效果如图 5-76 所示。

11 置入房地产公司的标志到图 5-77 的位置，设置文字绕排模式为四周环绕型，右边和下方各设 5 点的边距。

12 输入文字，放置在如图 5-78 的位置。

13 输入文字，放置在如图 5-79 的位置，设置颜色为黄色，字体为"方正大标宋简体"，字号为 120 点。

14 输入文字，放置在页面右上角的位置，完成效果如图 5-80 所示。至此，整个内页设计完成。

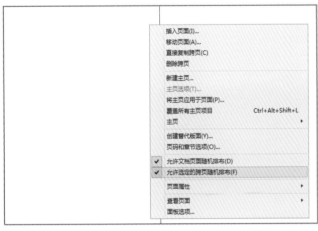

图 5-67 新建文档

图 5-68 绘制矩形并填充颜色

图 5-69 置入图片 1

图 5-70 置入图片 2

图 5-71 置入图片 3

图 5-72 置入图片 4

图 5-73 置入图片 5

图 5-74 置入图片 6

图 5-75 置入图片 7

图 5-76 输入文字

图 5-77 置入标志

图 5-78 输入文字

图 5-79 输入文字

图 5-80 完成设计

二、案例二（图 5-81）

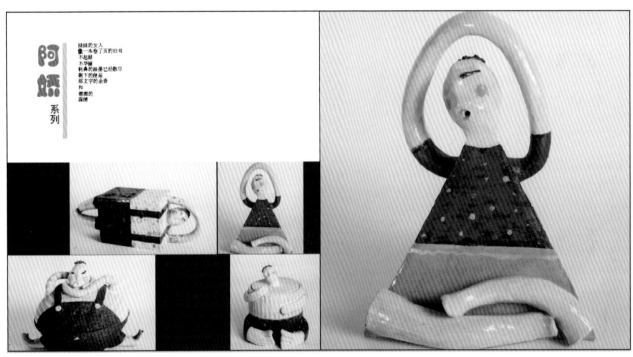

图 5-81 案例二效果图

01 新建文档，置入图片，放置在整个右页，如图 5-82 所示。

02 在左边画一个矩形框，填充颜色，设置 CMYK 值为 68、79、72、42，完成效果如图 5-83 所示。

03 置入图片 1，放置在如图 5-84 的位置。

04 置入图片 2，放置在如图 5-85 的位置。

05 置入图片 3，放置在如图 5-86 的位置。

06 置入图片 4，放置在如图 5-87 的位置。

07 输入文字，调整字体的颜色、大小，如图 5-88 所示。

08 在文字旁边画一个矩形框，填充灰色，设置 CMYK 值为 0、0、0、40，完成效果如图 5-89 所示。

09 输入文字，放置在如图 5-90 的位置。至此，整个内页设计完成。

图 5-82 新建文档并置入图片

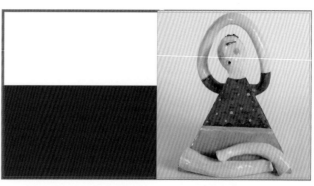

图 5-83 绘制矩形并填充颜色

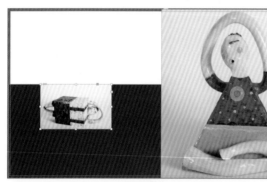

图 5-84 置入图片 1

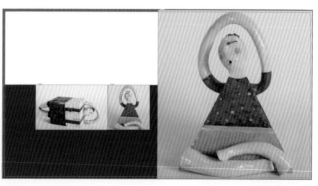

图 5-85 置入图片 2

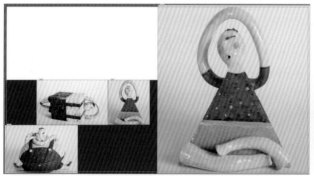

图 5-86 置入图片 3

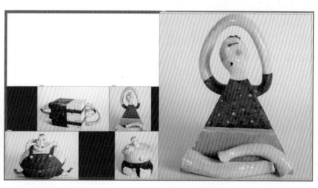

图 5-87 置入图片 4

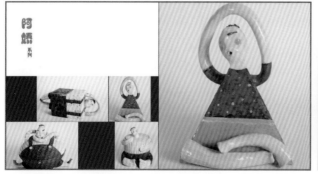

图 5-88 输入文字

图 5-89 绘制矩形并填充颜色

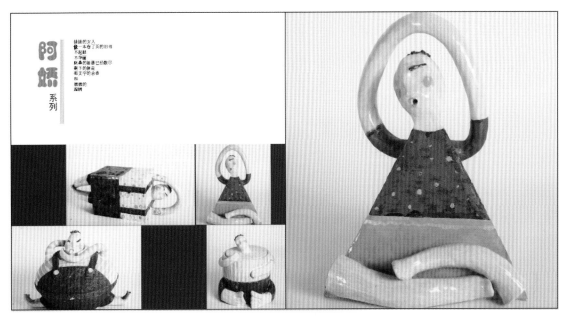

图 5-90 完成设计

三、案例三（图5-91）

图 5-91 案例三效果图

01 新建文档，将页面对话框中的"允许文档页面随机排布"和"允许选定的跨页随机排布"的勾去掉，将两个页面拖拽到一起，如图5-92所示。

02 置入图片1到如图5-93的位置。

03 置入图片2到如图5-94的位置。

04 置入图片3到如图5-95的位置。

05 置入图片4到如图5-96的位置。

06 置入图片 5 到如图 5-97 的位置。

07 置入图片 6 到如图 5-98 的位置。

08 用钢笔工具绘制图形，填充灰色，设置 CMYK 值为 0、0、0、40，完成效果如图 5-99 所示。

09 将图形逆时针旋转 4°，如图 5-100 所示。

10 输入文字，颜色为白色，同样将文字倾斜 4°，如图 5-101 所示。

11 绘制图形，填充灰色，设置 CMYK 值为 0、0、0、40，描边色为黑色，描边类型为圆点形，粗细为 4 点，如图 5-102 所示。

12 选择文字，执行：文字／创建轮廓命令，如图 5-103 所示。

13 用直接选择工具选择创建轮廓后的文字，将"是"字的其中一个笔画拖长，效果如图 5-104 所示。

14 依图 5-105 所示，对全部文字进行笔画调整。

图 5-92 新建文档　　　　　　　　　　　　　图 5-93 置入图片 1

图 5-94 置入图片 2　　　　　　　　　　　　图 5-95 置入图片 3

图 5-96 置入图片 4　　　　　　　　　　　　图 5-97 置入图片 5

15 用钢笔工具在图中的位置画一组图形，填充灰色，设置 CMYK 值为 0、0、0、40，如图 5-106 所示。

16 将图中几幅图片进行描边和投影处理，完成效果如图 5-107 所示。至此，内页设计全部完成。

图 5-98 置入图片 6

图 5-99 绘制图形

图 5-100 旋转图形

图 5-101 输入文字

图 5-102 绘制图形

图 5-103 创建轮廓

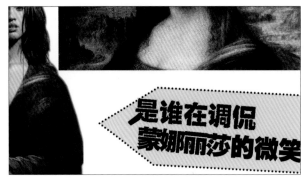

图 5-104 调整字形

图 5-105 调整全部字形

图 5-106 绘制图形并填充颜色　　　　　　　　　图 5-107 完成设计

第五节　画册内部折页设计

很多杂志都会在书中设计一到两个折页（也就是展开来比正常页面大很多的特殊页），一般可以是正常页面的 2 倍、3 倍或 4 倍。这些较大的页面可以更好地表现某个商品、某个设计、某张大的全景照片等。本节以图 5-108 为例，介绍画册内部折页的设计步骤。

01 一本摄影画册，原本的页面宽度是 210 毫米，现在要插入一个内部折页，方法是选中一个右边的页面，点击工具栏中的页面工具，如图 5-109 所示。

02 在上方的工具栏 W 一项中，在原有的数字后面输入"+210"后按 Enter 键，页面宽度变成了原来的 2 倍，如图 5-110 所示。

03 置入一张图片，调整大小，要放满整个页面并盖住出血的位置，如图 5-111 所示。（折页是为了将图放大，可以不用留出页边距）

04 输入文字，字号 100 点，字体为"汉真广标"，颜色为白色，如图 5-112 所示。

05 输入较小的说明文字，折页的设计完成，完成效果如图5-113 所示。（印刷完成后该页会被折叠成画册一样的大小）

图 5-108 案例效果图

图 5-109 插入内部折页

图 5-111 置入图片

图 5-112 输入文字

图 5-113 完成设计

第六章

海报、广告的设计
——版面设计

本章概要

- 海报、广告的功能与作用
- 海报、广告的制作

第一节 海报、广告的功能与作用

海报和广告都是一种视觉艺术，通过版面的构成在第一时间将观者的目光吸引，并给观者留下深刻的印象。设计者要将图片、文字、色彩、空间等要素进行完美结合，以恰当的形式向人们展示出宣传信息。海报及广告设计必须有较强的号召力与艺术感染力，它的画面应有较强的视觉中心，形式上力求新颖，应用独特的设计语言吸引观众的注意力，并达到情感上的某种契合。

海报又称招贴画，是一种极为常见的招贴形式。在商场，海报常常被用于产品的宣传、活动的推广等；在学校里，海报常被用于文艺演出、运动会、展览会、家长会、社团活动、各类竞赛等；在街头巷尾，海报主要被用于政策推广、公益广告宣传等。

广告无疑是想通过平面、传媒等各种形式的宣传最终达到商业目的的一种行为，常见的平面广告形式有传单、报纸广告、杂志广告、商业宣传册、网络广告、POP广告、灯箱广告、楼宇广告、路标广告、汽车广告，等等。

一、海报、广告的功能

1. 宣传性

海报、广告希望得到社会各界的参与，以吸引更多的人加入活动为目的。它可以在媒体上刊登、播放，但大部分是张贴于人们易于见到的地方。

2. 商业性

多数时候，海报和广告都具有强烈的商业性，以达到某种商业行为为目的。

二、海报、广告的设计要求

主题鲜明，一目了然。观众能在最短的时间阅读到最核心的内容，明白活动的宗旨。

艺术性强，视觉优美。在宣传产品、推广信息的基础上，海报、广告能给人一种美的享受，以便留下深刻的印象。

海报中要写清楚活动的性质、主办单位、时间、地点等内容。

三、海报、广告的类型

海报、广告一般有图文结合型、图片型、几何图案型、文字型4种。

第二节 海报、广告的制作

一、案例分析

1. 图文结合型（图 6-1）

图 6-1 案例效果图

01 新建文档，文件尺寸设为 A4 纸大小的 10 倍，由于 InDesign 中的度量单位只有毫米，所以单位都要换算成毫米，在做一些大型的文件时要特别强调这一点，如图 6-2 所示。

02 用钢笔工具在页面中绘制出一条鱼的形状。一开始画得不好没有关系，等形状闭合后再进行修改直到曲线比较圆润为止，完成效果如图 6-3 所示。

03 将鱼的形状进行复制并修改其大小，调整后放置在如图 6-4 的位置。

04 置入多张图片到如图 6-5 所示位置。

05 继续置入多张图片，将每张图片都缩小后随机排列在一起，如图 6-6 所示。

06 选择所有图片，执行：对象／编组命令，完成效果如图 6-7 所示。

07 将编组后的图片复制，选取最大的鱼形路径，执行：编辑／贴入内部命令，将图片贴入鱼的内部，如图 6-8 所示。

08 用同样的方法，将一张图片贴入另一个小型的鱼形路径中，如图 6-9 所示。

09 继续复制一张图片，将图片贴入另一个鱼形路径中，完成效果如图 6-10 所示。

10 输入文字"尼泊尔风情"，填充黑色，字号 30 点，字体"迷你简特粗黑"，如图 6-11 所示。

11 输入文字"人物摄影展"，字体"迷你简特粗黑"，字号 60 点，填充颜色，设置 CMYK 值为 0、100、0、0，完成效果如图 6-12 所示。

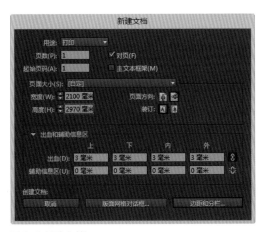

图 6-2 新建文档

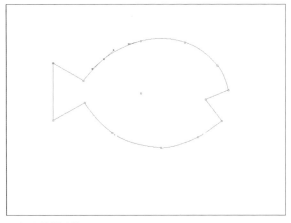

图 6-3 绘制形状

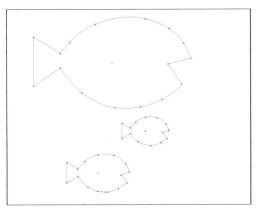

图 6-4 绘制形状

图 6-5 置入多张图片

图 6-6 继续置入多张图片

图 6-8 贴入内部

图 6-7 编组

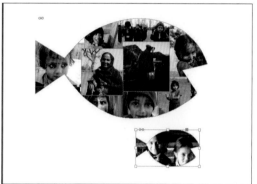

图 6-9 贴入内部

图 6-10 贴入内部

图 6-11 输入文字

图 6-12 输入文字

图 6-13 输入文字

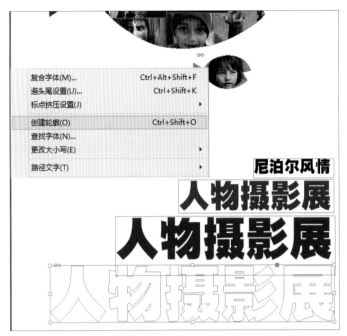

图 6-14 创建轮廓

图 6-15 置入图片

图 6-16 贴入内部

图 6-17 完成设计

12 再次输入文字"人物摄影展",字体"迷你简特粗黑",字号为 85 点,填充颜色,设置 CMYK 值为 15、100、100、0,如图 6-13 所示。

13 如图 6-14 所示,输入文字"人物摄影展",字体"迷你简特粗黑",字号为 100 点,不填充颜色,选中文字,执行:文字／创建轮廓命令。

14 置入一张妇女的图片,如图 6-15 所示。

15 复制妇女的图片,执行:编辑／贴入内部命令,将人物图片贴入文字内部,如图 6-16 所示。

16 输入文字,交代展出的时间、地点等信息,摆放在如图 6-17 所示位置。至此,整个海报设计完成。

Tips 设计思路

本案例采用斜角上下对应的构图，增强海报的形式感，三组重复的标题强化了此次展览的主题，让人一目了然，艳丽的色彩与照片呼应，体现了尼泊尔人对浓艳色彩的喜好。

2. 图片型（图 6-18）

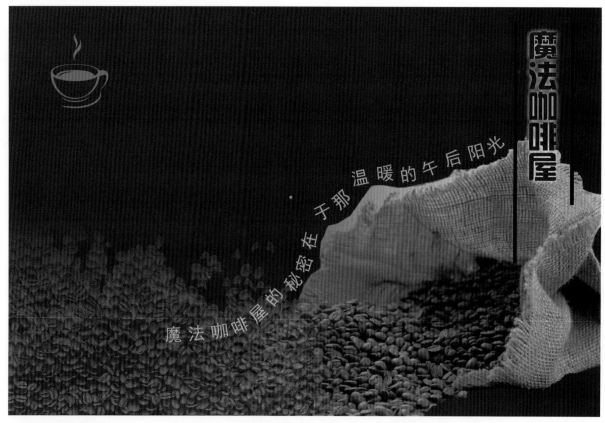

图 6-18 案例效果图

01 新建文档，长宽尺寸为 4250×2850 毫米，如图 6-19 所示。

02 在页面中绘制矩形框，填充颜色，设置 CMYK 值为 58、85、93、60，如图 6-20 所示。

03 置入一张图片到如图 6-21 的位置。

04 调整图片的大小，放在页面右边偏下的位置，如图 6-22 所示。

05 用渐变羽化工具对图片进行从右到左的渐变羽化，如图 6-23 所示。

06 调整图片的透明度，设为 64%，如图 6-24 所示。

07 置入另一张图片到如图 6-25 的位置。

08 对图片进行从下至上的渐变羽化，并调整图片的透明度为 49%，完成效果如图 6-26 所示。

09 顺着袋子的边缘绘制路径，如图 6-27 所示。

10 用路径文字工具在画好的路径上输入文字"魔法咖啡屋的秘密在于那温暖的午后阳光"，字体为黑体，字号为 35 点，如图 6-28 所示。

11 输入主题文字"魔法咖啡屋"到如图 6-29 的位置，字体为"汉真广标"，字号为 60 点。

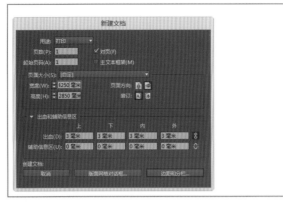

图 6-19 新建文档

图 6-20 绘制矩形并填充颜色

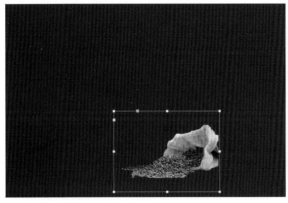

图 6-21 置入图片

图 6-22 调整图片大小

图 6-23 渐变羽化

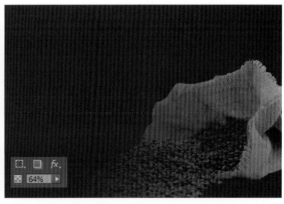

图 6-24 调整图片透明度

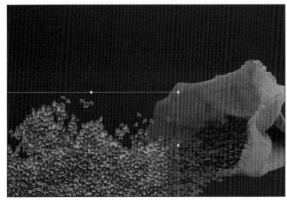

图 6-25 置入图片

图 6-26 渐变羽化、调整透明度

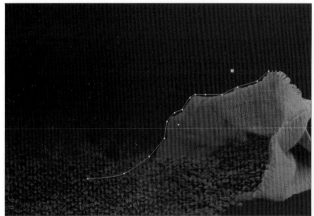

图 6-27 绘制路径

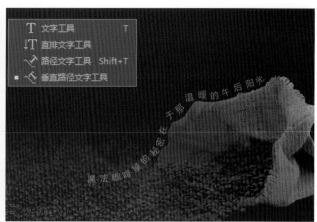

图 6-28 输入文字

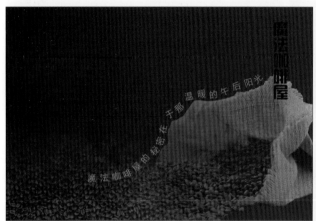

图 6-29 输入主题文字

图 6-30 使用效果

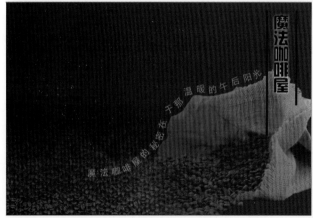

图 6-31 绘制线条

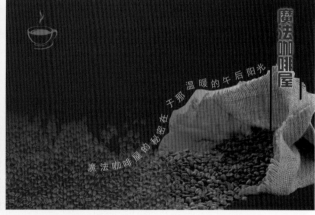

图 6-32 置入图片

12 对文字添加"外发光"效果，参数如图 6-30 所示。

13 用矩形工具在主题两边绘制细长条矩形，填充颜色，设置 CMYK 值为 58、85、93、80，如图 6-31 所示。

14 置入一张咖啡杯图片至图中左上角的位置，完成效果如图 6-32 所示。至此，海报设计完成。

3. 几何图案型（图6-33）

01 新建文档，在图中按住 Shift 键绘制一个正圆形，如图6-34所示。

02 按住 Shift 键绘制一个小的正圆形在如图6-35所示的位置。

03 选中两个圆形，用"对齐"面板上的垂直对齐和水平对齐命令将两个圆对齐，如图6-36所示。

04 用路径查找器中的相减命令将两个圆的重叠部分减去，给图形上色，填充为蓝色，完成效果如图6-37所示。

05 用直接选择工具选中下面半个圆形，按删除键，图中还剩下上方的半个圆形，如图6-38所示。

06 如图6-39所示，用选择工具选中半圆形，用渐变羽化工具将其颜色渐变成由深到浅的样式。

07 对半圆形进行复制，填充为深蓝色，如图6-40所示。

图6-33 案例效果图

08 将两种颜色的半圆形多次复制，如图6-41所示。接下来，就只需组合这些半圆形就可以了。

09 在页面中将两个深蓝色的半圆进行组合，将其中一个半圆逆时针旋转90°，与水平的半圆重叠在一起，完成效果如图6-42所示。

10 将第三个深蓝色的半圆进行上下翻转，摆放成如图6-43的形状。

11 将浅蓝色的半圆拖拽到如图6-44的位置。

12 再拖动一个浅蓝色的半圆放置到如图6-45的位置。

13 将上一步组合好的图形进行群组，然后水平复制，如图6-46所示。

14 再一次水平复制图形，如图6-47所示。

15 将3组图形选中并进行编组，然后将其拖拽到页面底部的位置，完成效果如图6-48所示。

16 将编组的图形进行复制，摆放到页面上方的位置，如图6-49所示。

17 再一次复制图形，并进行垂直翻转和水平翻转后，将两组图形巧妙地衔接起来，如图6-50所示。

18 在页面中间的空白处输入标题文字"查理曼钢琴演奏会"，字号为60点，字体为"华康简综艺"，颜色为黑色，如图 6-51 所示。

19 输入演奏会的时间、地点信息，完成效果如图 6-52 所示。至此，一张关于演奏会的海报设计就完成了。

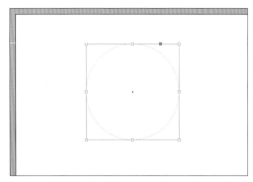

图 6-34 新建文档并绘制正圆形

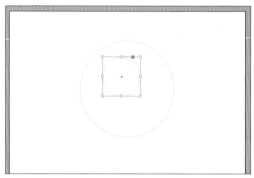

图 6-35 绘制小的正圆形

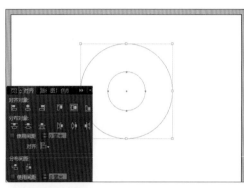

图 6-36 对齐对象

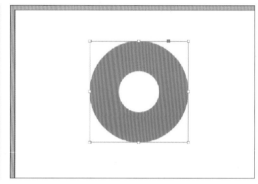

图 6-37 填充颜色

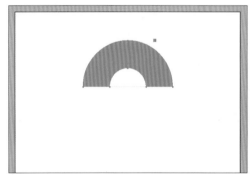

图 6-38 删除半圆

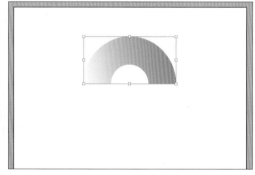

图 6-39 渐变羽化

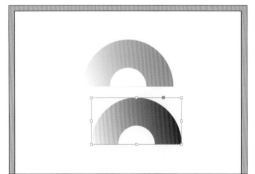

图 6-40 复制半圆并填充颜色

图 6-41 复制多个半圆形

图 6-42 组合图形

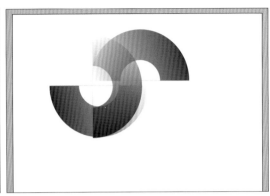

图 6-43 翻转并组合

图 6-44 组合第四个半圆

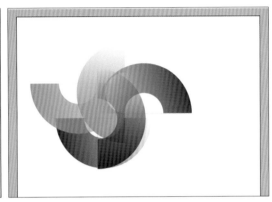

图 6-45 组合第五个半圆

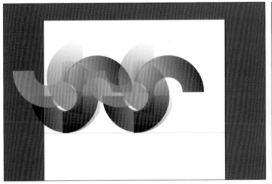

图 6-46 群组并复制图形

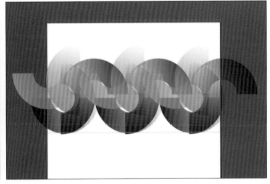

图 6-47 再次复制图形

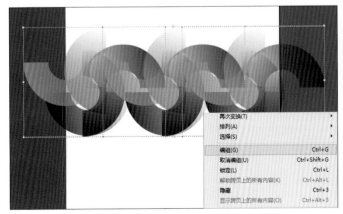

图 6-48 编组

图 6-49 复制编组后的图形

图 6-50 复制图形并翻转

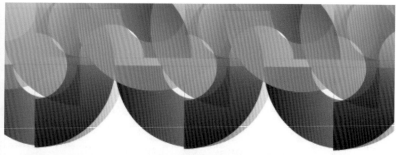

图 6-51 输入标题文字

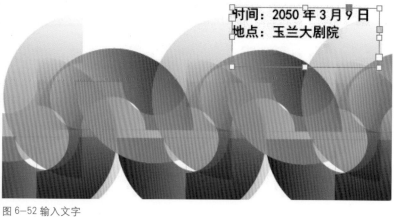

图 6-52 输入文字

Tips 设计思路

　　本案例采用几何图形的排列组合法制作而成，利用图形的颜色、形态变化来突出音乐会的精彩旋律和优美律动。初学者也许会对复杂的形体感到难以下手，其实任何看似复杂的形状，都是利用简单的图形组合起来的，只要敢于尝试就一定能掌握其规律。

　　4. 文字型（图 6-53）

　　01 新建文档，单独输入 4 个英文字母，对字母执行：文字／创建轮廓命令，如图 6-54 所示。

　　02 按住 Shift 键，用椭圆工具画一个小的正圆形，如图 6-55 所示。

图 6-53 案例效果图

图 6-54 新建文档、输入文字并创建轮廓

图 6-55 绘制圆形

03 如图 6-56 所示，选中圆形和字母 F，执行路径查找器中的减去命令。

04 同样的方法，每个字母都设计一个镂空的小圆，完成效果如图 6-57 所示。

05 如图 6-58 所示，将字母 A 和 T 的颜色改成黄色。

06 现在要给每个字母填充图案，首先给第一个字母填充一款圆点形的图案。另建一个文档，在新的页面中绘制一个圆形，填充为深蓝色，如图 6-59 所示。

07 选中圆形，按住 Ctrl 和 Alt 键，往右水平复制一个圆形，然后执行：编辑／多重复制命令，也可以使用快捷键 Ctrl+Alt+U，如图 6-60 所示。

08 如图 6-61 所示，在"多重复制"对话框中输入自己想要的数值。

图 6-56 对字母 F 和小圆执行减去命令

图 6-57 对所有字母和小圆执行减去命令

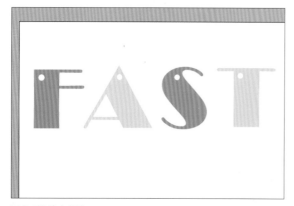

图 6-58 改变颜色

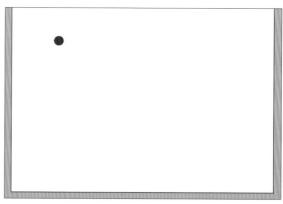

图 6-59 绘制圆形并填充颜色

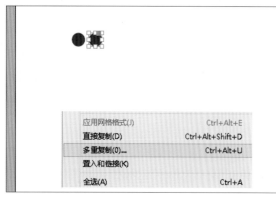

图 6-60 复制

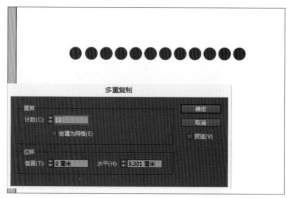

图 6-61 多重复制

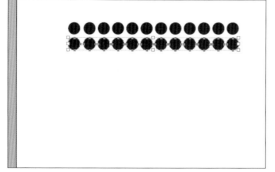

图 6-62 复制

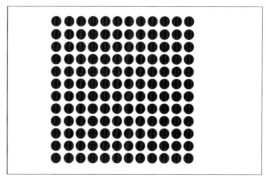

图 6-63 多重复制并编组

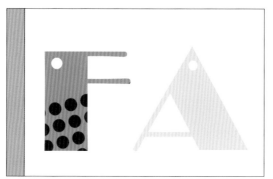

图 6-64 贴入内部

图 6-65 绘制直线

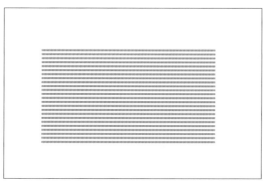

图 6-66 多重复制

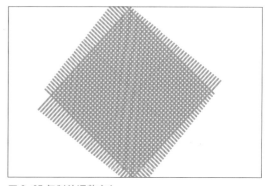

图 6-67 复制并调整方向

09 选中第一行所有的圆，按住 Ctrl 和 Alt 键，往下垂直复制一行，完成效果如图 6-62 所示。

10 执行多重复制命令，得到一大片圆形，将所有的圆形选中，执行编组命令，再执行复制命令，如图 6-63 所示。

11 将复制好的图案贴入字母 F 中，可将图案拖拽到合适的位置，或进行旋转处理，以达到让自己满意的效果为止，如图 6-64 所示。

12 在另一个页面中用钢笔工具绘制一条直线，设置线条粗细为 4 点，颜色为绿色，完成效果如图 6-65 所示。

13 多重复制直线，如图 6-66 所示。

14 选中上图中所有的直线进行复制，调整复制后的直线的方向，让两组直线呈 90°交叉的状态，完成效果如图 6-67 所示。

15 将图中的线条编组、复制，执行：编辑 / 贴入内部命令，将图案贴入字母 A 中，如图 6-68 所示。

16 同理，在另一个页面绘制一条深蓝色的线条后多重复制线条，完成效果如图 6-69 所示。

17 将编组后的线条复制，贴入字母 S 的内部，如图 6-70 所示。

18 在另一个页面上绘制、复制如图 6-71 的一组曲线。

19 将复制好的图形贴入字母 T 的内部，如图 6-72 的位置。

20 调整每个字的倾斜度，让它们看起来是被绳子挂起来的样子，如图 6-73 所示。

21 用钢笔工具绘制 4 根线条，放到合适的位置，线条粗细为 2 点，颜色为灰色，完成效果如图 6-74 所示。

22 绘制矩形框，填充颜色，设置 CMYK 的数值为 67、83、80、54，将其放置到页面的最底层，完成效果如图 6-75 所示。

23 在页面左上角输入文字，填充黄色，为文字设置"斜面和浮雕"效果，如图 6-76 所示。

24 分次输入各种文字，颜色用跳跃的白色和玫红色，大号的文字用来做背景，并设置透明度，字体统一使用"方正大黑简体"，完成效果如图 6-77 所示。至此，整个设计完成。

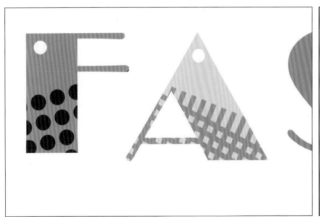

图 6-68 贴入字母 A 内部

图 6-69 绘制线条

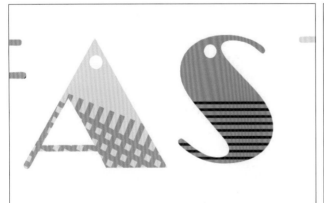

图 6-70 贴入字母 S 内部

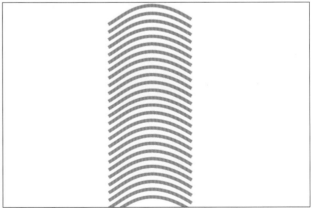

图 6-71 绘制线条

图 6-72 贴入字母 T 内部

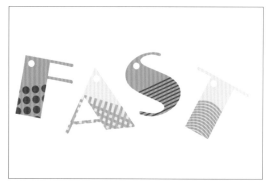

图 6-73 调整倾斜度

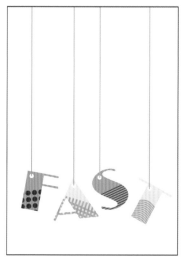

图 6-74 绘制线条

图 6-75 绘制矩形并填充颜色

图 6-76 输入和设置文字

图 6-77 输入并设置其他文字

二、作品欣赏

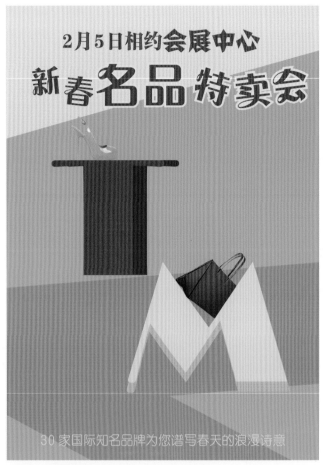

图 6-78 作品欣赏 1

图 6-79 作品欣赏 2

第七章／期刊的设计
——图文处理

本章概要

● 期刊的常用开本及用纸类型

● 期刊的封面设计

● 期刊的内页设计

第一节 期刊的常用开本及用纸类型

一、纸张的开数

所谓开数就切成几份的意思，把一张全张纸对折一次，得到的大小就是对开，再对折就是 4 开，再对折就是 8 开，再对折就是 16 开，即 16 开是 32 开的两倍，8 开是 16 开的两倍，4 开是 8 开的两倍。

二、常用开本

目前，市场上较知名的期刊，如《读者》《青年文摘》大部分为正 16 开，也就是成品尺寸为 185×260 毫米，时尚类期刊如《时装》《瑞丽》的成品尺寸多为大 16 开，这是当今期刊一种较为流行的版本。在设置文件时，记得四周各留 3 毫米的出血位。

二、常见的纸张类型

凸版纸：是供凸版印刷的主要用纸。凸版纸按纸张用料成分配比的不同，可分为 1 号、2 号、3 号和 4 号 4 个级别。纸张的号数代表纸质的好坏程度，号数越大纸质越差。凸版纸主要供凸版印刷机使用。这种纸的特性与新闻纸相似，但不完全相同。凸版纸的纸浆料的配比与浆料的叩解度均优于新闻纸，纤维组织比较均匀，同时纤维间的空隙又被一定量的填料与胶料所充填，并且经过漂白处理，对印刷的适应性较强。

铜版纸：又称印刷涂料纸，这种纸是在原纸上涂抹一层白色浆料后经过压光制成的。纸张表面光滑，白度较高，纸质纤维分布均匀，厚薄一致，伸缩性小，有较好的弹性、较强的抗水性能和抗张性能，对油墨的吸收性与接收状态良好。铜版纸主要用于印刷画册、时尚杂志、明信片、精美的产品样本以及彩色商标等。铜版纸又分单面铜版纸和双面铜版纸。

新闻纸：也叫白报纸，是报刊及书籍的主要用纸。新闻纸的纸质松软，富有较好的弹性，吸墨性能好，油墨能较快地固着在纸面上，纸张经过压光后两面平滑、不起毛，从而使印迹比较清晰而饱满，有一定的机械强度，不透明性能好，适合于高速轮转机印刷。

胶版纸：主要供平版（胶印）印刷机或其他印刷机印制较高级的彩色印刷品，如彩色画报、画册、宣传画、彩印商标及一些高级书籍，以及书籍封面、插图等。胶版纸按纸浆料的配比分为特号、1 号和 2 号 3 种，有单面和双面之分，有超级压光与普通压光两个等级。胶版纸伸缩性小，能均匀吸收油墨，平滑度好，质地紧密不透明，白度好，抗水性能强。

第二节 期刊的封面设计

一、封面的功能和作用

期刊是一种非常受欢迎的平面媒体，它的宣传力度是很强大的。一本好的期刊是否被人接受，封面占有很大的比重，因此，封面该如何设计、排版、配色就显得尤为重要。日本装帧设计师杉浦康平有一个很好的比喻："一本书就像一个人，而封面则相当于人的脸，书的大致内容、品位高低，可以从封面的设计风格上反映出来。"

二、封面的基本元素

期刊封面有以下基本元素：刊名、图片、条形码、期号、内文要目，等等。

刊名无疑是封面文字中最重要的部分，它相当于一个企业的品牌，一个好的刊名设计可以迅速提高期刊的整体形象，最大限度地吸引潜在读者群。

内文要目是期刊封面文字的另一个重要组成部分。通常每一期期刊都有一些重点文章的标题被安排在封面上，人们在决定是否购买一本杂志时，通常会关注期刊的内文要目中有没有自己感兴趣的内容。

图片是期刊封面中不可或缺的重要元素，因为图片的表达能力比文字更形象、更直观、更具有视觉冲击力，所以，挑选最具吸引力和感染力的图片放在期刊封面中是每一个设计师都绞尽脑汁要做的事情。选择封面图片不仅是一门艺术，也是一门科学。例如娱乐、时尚期刊最常见的封面图片是明星的人物照片，新闻类期刊一般会挑选最有价值的新闻图片，地理类期刊则会采用风景图片，文学类期刊一般会选用绘画类的图片来彰显读者的品位……

三、封面设计的技巧

1. 技巧一：配色

封面的配色从总体来说既要追求协调，又要确保刊名能从背景色或图片色中凸显出来。因此，刊名的用色是极其讲究的，既要从明度上加以区分（如背景是浅色，文字便用深色），又要从色相上拉大反差，甚至可以使用对比色或互补色来设计。当然，最好的办法是刊名的色彩能与图中的某处颜色相呼应，这样往往会有较好的整体效果。

2. 技巧二：突出重点

期刊免不了要在封面上罗列一些内文要目，在罗列出的要目中，设计师可分析哪些文章有可能更被读者喜爱，对这些文章的标题进行加粗或调大字号处理。

3. 技巧三：大胆创新

期刊在版式设计上要求新颖独特，因此，常见的构图、习惯性的技巧都会阻碍设计师的发挥。我们不妨摒弃现有的思维模式大胆突破、推陈出新。

四、案例分析

1. 地理类期刊封面设计（图 7-1）

01 新建文档，设置长宽尺寸为 213×275 毫米，置入一张图片，覆盖整个页面，如图 7-2 所示。

02 输入书名，字体为"Amadeus"，字号为 58 点，填充白色，如图 7-3 所示。

03 继续输入文字，字体为"方正剪纸简体"，字号为 36 点，填充黄色，如图 7-4 所示。

04 在如图 7-5 所示的页面右侧输入第一段内文要目。

05 在如图 7-6 所示的位置添加第二段内文要目。

06 在如图 7-7 所示的位置添加第三段内文要目。

07 在页面的右下方用椭圆工具绘制一个圆形，填充白色，调整透明度为 33%，如图 7-8 所示。

08 在圆形上方输入本期期刊的期号，完成效果如图 7-9 所示。至此，封面设计完成。

图 7-1 案例效果图

图 7-2 新建文档并置入图片

图 7-3 输入书名

图 7-4 输入文字

图 7-5 输入第一段内文要目

图 7-6 输入第二段内文要目

图 7-7 输入第三段内文要目

图 7-8 绘制椭圆形并填充颜色

图 7-9 输入期号

2. 艺术类期刊封面设计（图 7-10）

01 新建文档，设置长宽尺寸为 224×295 毫米，置入一张油画图片，覆盖整个页面，如图 7-11 所示。

02 用钢笔工具沿着人物的左侧身体绘制路径，如图 7-12 所示。

03 用路径文字工具在画好的路径上点击，然后输入文字内容、设置颜色，如图 7-13 所示。

04 用选择工具选取该条路径，在工具栏中将路径设为一种粗细为 4 点的虚线，如图 7-14 所示。

05 复制第一条路径，往左边平移，输入文字，该文字其实就是书中的内文要目，如图 7-15 所示。

06 用选择工具选取该路径，将路径设为大小为 6 点的圆点，如图 7-16 所示。

07 继续复制路径往左平移，输入文字，如图 7-17 所示。

08 选取该路径，设置路径的形状大小，参数如图 7-18 所示。

09 复制路径，往左平移，输入文字，设置路径形状为 8 点的菱形，如图 7-19 所示。

10 同理，多复制几次路径，分别输入不同的文字内容，直到将人物左边的空间填满为止，完成效果如图 7-20 所示。

11 如图 7-21 所示，在人物的脸部复制两条路径。

12 在页面右上方输入书名和期号，完成效果如图 7-22 所示。至此，封面设计完成。

图 7-10 案例效果图

图 7-11 新建文档并置入图片

图 7-13 输入文字

图 7-12 绘制路径

图 7-14 设置线条

图 7-15 复制路径并输入文字

图 7-16 设置线条

图 7-17 复制路径

图 7-18 设置路径参数

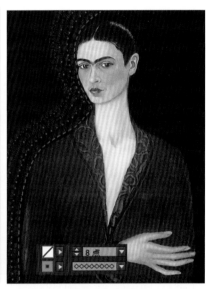

图 7-19 复制路径并设置参数

图 7-20 复制路径将左边填满

图 7-21 在脸部复制路径

图 7-22 输入书名和期号

3. 投资类期刊封面设计（图 7-73）

01 新建文档，设置长宽尺寸为 224×295 毫米，绘制一个矩形，填充黑色，如图 7-24 所示。

02 置入图片 1，如图 7-25 所示。

03 置入图片 2 在如图 7-26 的位置。

04 调整图片的透明度为 34%，完成效果如图 7-27 所示。

05 置入图片 3 至如图 7-28 的位置。

06 调整图片的透明度为 53%，完成效果如图 7-29 所示。

07 置入图片 4 到如图 7-30 的位置，调整透明度为 48%。

08 置入图片 5 到如图 7-31 的位置。

09 置入图片 6 到如图 7-32 的位置，调整透明度为 87%。

10 置入图片 7 到如图 7-33 的位置，调整图片透明度为 39%。

图 7-23 案例效果图

11 置入图片 8 到如图 7-34 的位置，调整图片透明度为 18%。

12 置入图片 9 到如图 7-35 的位置，调整图片透明度为 23%。

13 置入图片 10 到如图 7-36 的位置，调整图片透明度为 42%。

14 用钢笔工具绘制一个如图 7-37 的形状，填充白色。

15 继续用钢笔工具绘制一个如图 7-38 的形状，填充黑色。

16 输入书名到如图 7-39 的位置，字体为"汉仪双线体繁"，字号为 80 点，颜色为白色。

17 输入期号，放置在如图 7-40 的位置。

18 输入内文要目，点击"段落"面板右上角的小三角，弹出对话框，选择"项目符号和编号"选项，如图 7-41 所示。

19 在图 7-42 的"列表类型"中选择"项目符号和编号"，然后点右边的添加按钮，在弹出的对话框中将"字体"一栏选择为"wrings3"字体。选择一个方形的符号插入文本，然后点击"段落"面板右边的小三角按钮，执行将项目符号转变为文本的操作。

20 置入一张条形码，放置在如图 7-43 的位置。至此，封面设计全部完成。

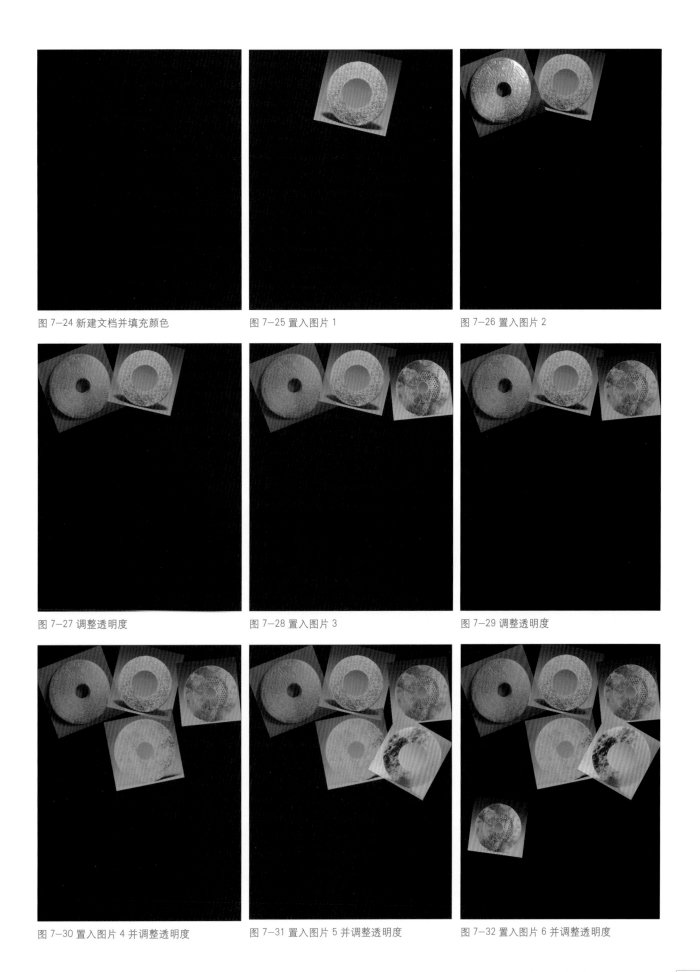

图 7-24 新建文档并填充颜色

图 7-25 置入图片 1

图 7-26 置入图片 2

图 7-27 调整透明度

图 7-28 置入图片 3

图 7-29 调整透明度

图 7-30 置入图片 4 并调整透明度

图 7-31 置入图片 5 并调整透明度

图 7-32 置入图片 6 并调整透明度

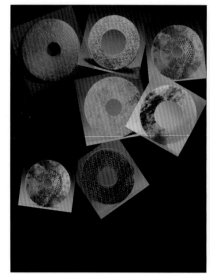

图 7-33 置入图片 7 并调整透明度

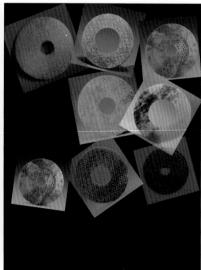

图 7-34 置入图片 8 并调整透明度

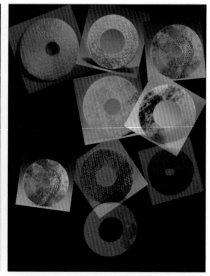

图 7-35 置入图片 9 并调整设置透明度

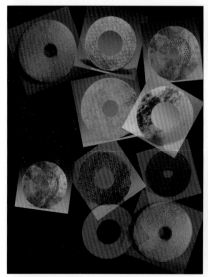

图 7-36 置入图片 10 并调整透明度

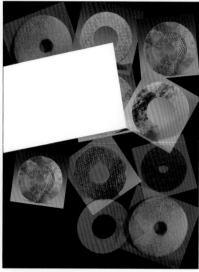

图 7-37 绘制图形并填充颜色

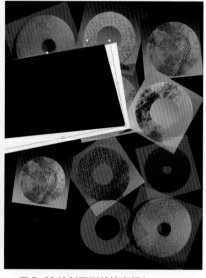

图 7-38 绘制图形并填充颜色

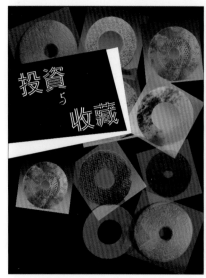

图 7-39 输入书名

图 7-40 输入期号

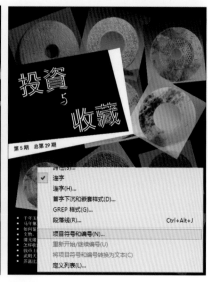

图 7-41 输入内文要目

图 7-42 添加项目符号

图 7-43 置入条形码

4. 时尚类期刊封面设计（图 7-44）

01 新建文档，设置长宽尺寸为 213×275 毫米，绘制一个矩形，填充灰色，如图 7-45 所示。

02 输入书名，字体为"Empire State Deco"，字号为 67 点，填充黑色，如图 7-46 所示。

03 复制文字，填充如图 7-47 所示颜色，与底下黑色的文字错开一点位置，形成阴影的效果。

04 在页面的右侧输入文字"SHOW"，字体为"Broadway BT"，字号为 36 点，填充白色，如图 7-48 所示。

05 置入一张剪影图片，放置在如图 7-49 所示位置。

06 置入一张内衣图片，调整大小如图 7-50 所示。

07 置入一张内裤图片，如图 7-51 所示，并调整其大小、位置。

08 在页面左侧输入内文要目，应用不同的颜色和字体，如图 7-52 所示。

09 在如图 7-53 的页面下方输入"母亲节送给妈妈的爱"，字体为"方正胖娃简体"，字号为 24 点。

10 在如图 7-54 所示的页面下方输入大标题，字体为"方正剪纸简体"，字号 36 点。

11 在如图 7-55 的页面右下角置入一张条形码。

12 在条形码上方绘制一个多边形，填充玫红色，写上期号，完成效果如图 7-56 所示。至此，设计完成。

图 7-44 案例效果图

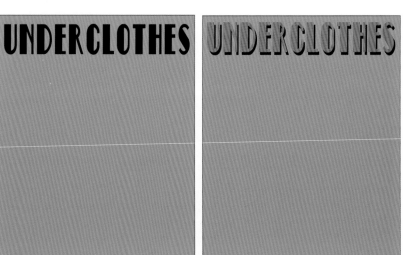

图 7-45 新建文档并填充颜色　　　　图 7-46 输入书名　　　　图 7-47 复制文字

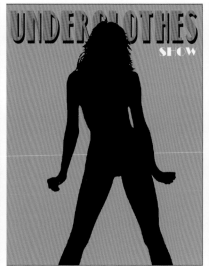

图 7-48 输入文字　　　　图 7-49 置入剪影图片　　　　图 7-50 置入内衣图片

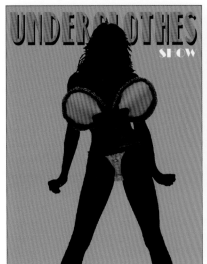

图 7-51 置入内裤图片　　　　图 7-52 输入内文要目　　　　图 7-53 输入文字

图 7-54 输入大标题　　　　　　图 7-55 置入条形码　　　　　　图 7-56 绘制图形

第三节 期刊的内页设计

一、时尚类期刊内页设计

以图 7-57 为例。

01 新建文档，设置长宽尺寸为 225×295 毫米，输入标题文字，背景框填充为黑色，如图 7-58 所示。

02 在如图 7-59 所示位置输入"名师课堂"文字。

03 置入图片 1 到如图 7-60 所示位置。

04 给图片添加投影效果，如图 7-61 所示。

05 置入图片 2 在如图 7-62 所示位置，为图片添加投影效果。

06 置入图片 3 在如图 7-63 的位置，操作同前。

07 在如图 7-64 的页面左下方画一个文字框，分两栏输入文字。

08 继续置入两张图片，添加投影效果，完成效果如图 7-64 所示。至此，内页设计完成。

图 7-57 案例效果图

图 7-58 新建文档并输入文字

图 7-59 输入文字

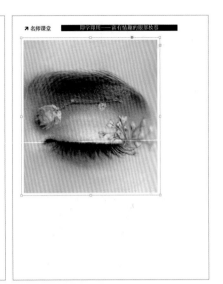

图 7-60 置入图片 1

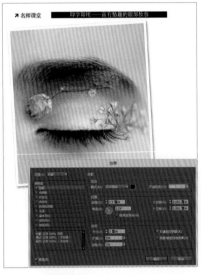

图 7-61 设置投影

图 7-62 置入图片 2

图 7-63 置入图片 3

图 7-64 输入文字

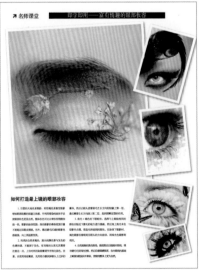

图 7-65 置入两张图片

二、美术类期刊内页设计

图 7-66 案例效果图

以图 7-66 为例。

01 新建文档，设置长宽尺寸为 213×275 毫米，绘制一个三角形，填充 30% 的灰色，如图 7-67 所示。

02 置入一张图片 1 到如图 7-68 的位置，给图片添加投影效果。

03 置入图片 2 到如图 7-69 的位置，操作同前。

04 继续置入两张图片到如图 7-70 的位置，给图片添加投影效果。

05 在页面上方绘制一个文本框，用直接选择工具拖动其中一个锚点，变形后如图 7-71 所示。

06 在文本框中输入文字，调整标题和正文文字的大小，设置字体，如图 7-72 所示。

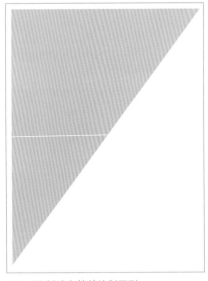

图 7-67 新建文档并绘制图形

图 7-68 置入图片 1

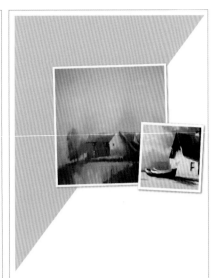

图 7-69 置入图片 2

图 7-70 置入两张图片

图 7-71 绘制并调整文本框

图 7-72 输入文字

图 7-73 绘制并调整文本框

图 7-74 输入文字

07 在页面左侧也绘制一个文本框，调整形状后如图 7-73 所示。

08 输入文字，完成效果如图 7-74 所示。至此，设计完成。

三、旅游类期刊内页设计

图 7-75 案例效果图

以图 7-75 为例。

01 新建文档，设置长、宽尺寸为 225×295 毫米，点击"页面"面板右上角的小三角按钮，在弹出的对话框中将"允许文档页面跨页随机排布""允许选定的跨页随机排布"两项命令的选择取消，将两页拖动到并排状态，并置入一张图片到两页的上方，如图 7-76 所示。

02 用直接选择工具拖动矩形框左下方的锚点，将图片裁剪成如图 7-77 所示形状。

03 用圆形工具在图片下方绘制一个图形，填充 80% 的灰色，如图 7-78 所示。

04 将圆形复制 6 次，得到 7 个同样的圆形，完成效果如图 7-79 所示。

05 分次输入主标题，移至圆形上方，字体为"方正毡笔黑繁体"，字号为 72 点，如图 7-80 所示。

06 输入副标题，调整倾斜度，如图 7-81 所示。

07 置入一张风景图片到图 7-82 的位置。

08 用直接选择工具拖动图片右上角的锚点，调整为如图 7-83 的形状。

09 置入另一张图片到图 7-84 的位置。

10 在页面左边的位置输入文字，如图 7-85 所示。

11 继续在图 7-86 所示位置输入文字。

12 在如图 7-87 所示位置继续添加文字内容。

13 继续输入文字，如图 7-88 所示。

14 在右边的页面中置入一张图片，如图 7-89 所示。

15 用直接选择工具调整图片的形状，如图 7-90 所示。

16 在图 7-91 所示页面的右下角置入一张图片。

17 输入文字至如图 7-92 的位置。

18 继续输入文字，完成效果如图 7-93 所示。至此，页面的设计完成。

图 7-76 新建文档并置入图片

图 7-77 改变形状

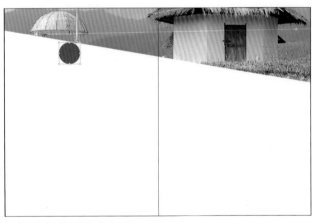

图 7-78 绘制圆形并填充颜色

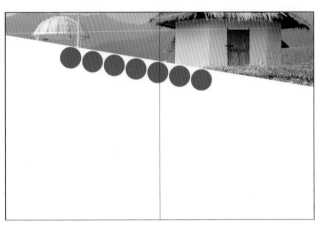

图 7-79 复制图形

图 7-80 输入文字

图 7-81 输入文字

图 7-82 置入图片

图 7-83 调整形状

图 7-84 置入图片

图 7-85 输入文字

图 7-86 输入文字

图 7-87 输入文字

图 7-88 输入文字

图 7-89 置入图片

图 7-90 调整形状

图 7-91 置入图片　　　　　　　　　图 7-92 输入文字　　　　　　　　　图 7-93 输入文字

四、家居类期刊内页设计

以图 7-94 为例。

01 新建文档，如图 7-95 所示，设置长宽尺寸为 225×295 毫米，点击"页面"面板右上角的小三角，在弹出的对话框中将"允许文档页面随机排布""允许选定的跨页随机排布"两项命令的选择取消，将两页拖动到并排状态。在页面左上方输入大标题，字体为"文鼎胡子体"，字号为 60 点。

02 在图 7-96 所示的标题下方置入一张图片。

03 用直接选择工具拖动图片右上方的锚点，将图片调整至如图 7-97 的形状。

04 在大标题旁边用钢笔工具绘制一个矩形，填充 25% 的灰色，如图 7-98 所示。

05 置入一张图片于如图 7-99 的位置，并设置文本绕排模式为"沿定界框绕排"，四周位移 3 毫米。

06 在灰色色块中输入文字，如图 7-100 所示。

07 用文本工具在如图 7-101 位置拖出一个文本框，然后用直接选择工具调整文本框的形状。

08 在文本框中输入文字，如图 7-102 所示。

09 在如图 7-103 的位置用矩形工具绘制一个矩形框，填充白色。

10 在如图 7-104 所示的位置页面右上角置入一张图片，调整形状。

11 继续在图 7-105 所示的位置置入图片，调整形状。

12 继续在图 7-106 所示位置置入两张图片，调整形状。

13 输入文字，将文字前两个字的颜色填充白色，后几个字填充黑色，如图 7-107 所示。

14 在如图 7-108 的位置输入正文文字。至此，内页的设计完成。

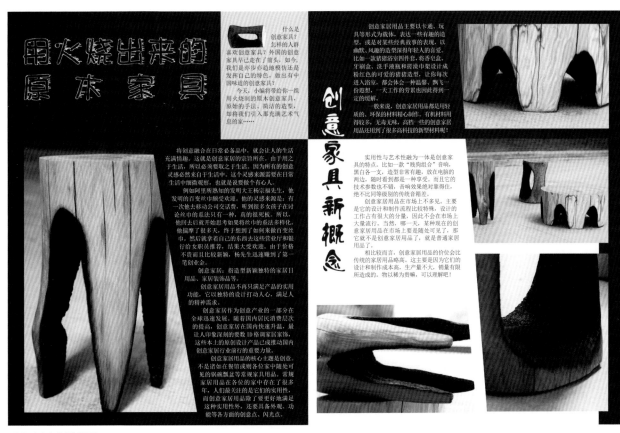

图 7-94 案例效果图

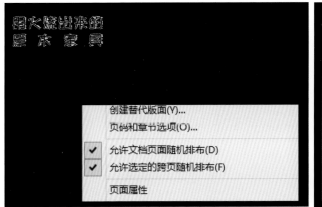

图 7-95 新建文档

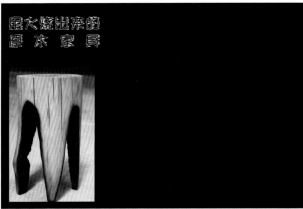

图 7-96 置入图片

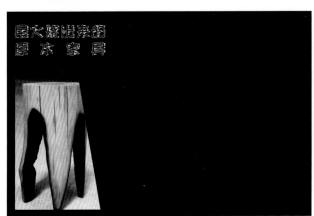

图 7-97 调整形状

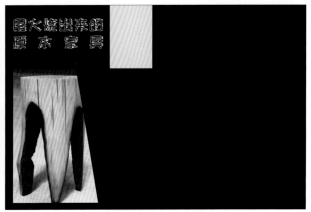

图 7-98 绘制矩形并填充颜色

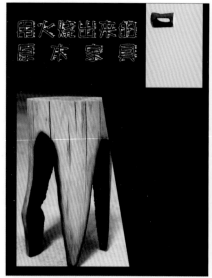

图 7-99 置入图片

图 7-100 输入文字

图 7-101 绘制文本框

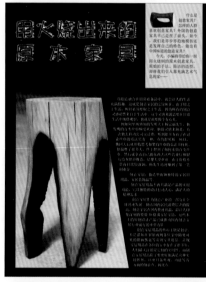

图 7-102 输入文字

图 7-103 绘制矩形并填充颜色

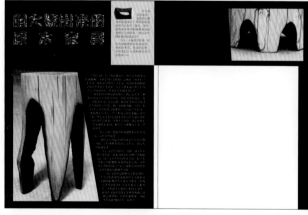

图 7-104 置入图片

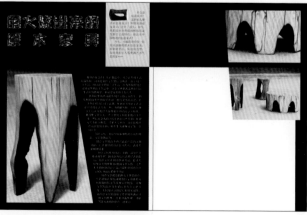

图 7-105 置入图片

图 7-106 置入图片

图 7-107 输入文字

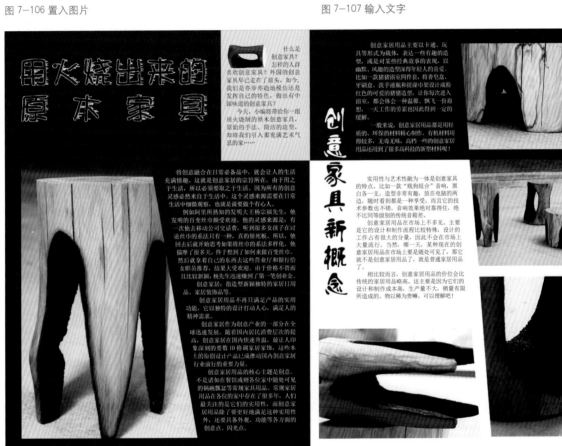

第八章

图书的排版设计
——样式与目录

本章概要

- 新建文档与设置复合字体
- 主页的设计与应用
- 段落样式的创建与应用
- 目录的提取与生成

第一节 新建文档与设置复合字体

一、新建文档

本章介绍的内容主要是图书的排版设计，对于图书来说，在新建文档时都需要设定出血位，本节主要介绍新建文档与复合字体的设置。

01 新建文档，在页面大小下拉菜单下选择自定义，弹出"自定页面大小"对话框，如图 8-1 所示。

02 在"自定页面大小"对话框中输入名称为大 16 开，定义尺寸为 210×285 毫米，单击"添加"，将该尺寸添加到常用尺寸列表，如图 8-2 所示。

03 页面大小选择自定义的大 16 开，勾选"主文本框架"复选框，出血位保持 3 毫米默认值，单击"边距和分栏"，如图 8-3 所示。

04 在图 8-4 的"新建边距和分栏"对话框中设置边距为 20 毫米，其他保持默认，单击"确定"完成文档的新建。

图 8-1 新建文档

图 8-2 自定页面大小

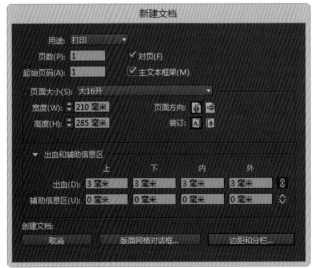

图 8-3 设置主文本框架

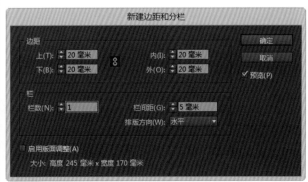

图 8-4 设置边距和分栏

二、复合字体设置

01 选择菜单，执行：文字／复合字体命令，弹出如图 8-5 所示的对话框，在该对话框中单击新建按钮，在弹出的"新建复合字体"对话框中输入复合字体名称。

02 在图 8-6 所示的对话框中分别更正汉字、标点、符号、罗马字、数字的字体，当文章中遇到这类文字时会自动套用此处设置的字体。

03 在页面中绘制文本框，将光标定位到文本框中，在图 8-7 所示处更改字体，最下方的三套字体即为创建的复合字体，选择刚创建的"正文复合字体"即可。

图 8-5 复合字体编辑器

图 8-6 存储复合字体

图 8-7 应用复合字体

第二节 主页的设计与应用

主页在图书的排版中具有十分重要的作用，将大多数页面或所有页面具备的共同元素设计到主页中，可极大地提高工作效率，也可以保证所有元素的统一。当需要修改相关元素时，只需要修改主页中的元素，应用该主页的所有页面上的相关元素可自动发生变化。

一般情况下，可以设计在主页中的信息包括页眉、页脚、装饰图案、页码等内容。

图 8-8 是目录中的一部分，该目录中除"目录"两个字以外的所有元素都属于主页中的元素。本节以此为例，介绍主页的制作方法。

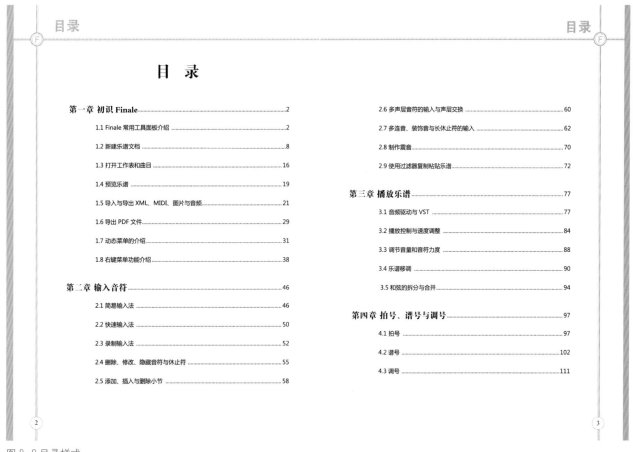

目　录

图 8-8 目录样式

01 打开"页面"面板，在面板空白区域单击鼠标右键可以新建主页，如图 8-9 所示。

02 在弹出的图 8-10 所示的"新建主页"对话框中设定新建主页的参数，其中"前缀"根据主页顺序自动命名为 ABC……的顺序，页面尺寸可以与当前文档相同，也可以不同，设置完毕后单击"确定"按钮。

图 8-9 新建主页

图 8-10 设置主页

03 在图 8-11 中双击主页 A 左侧的页面，此时开始在工作区设计主页，绘制相关图形，输入相关文字即可。

04 使用文本框工具绘制一个文本框，选择菜单，执行：文字／插入特殊符号／标识符／当前页码命令，使用绘图工具绘制一个装饰圆形图案，如图 8-12 的效果，将页码复制到右侧页面，完成主页的设计。

05 图 8-13 中创建了 A、B、C、D 共 4 个主页，按住某个主页向下拖动，放到下一页面上时松开鼠标，这时就将拖拉的主页应用到当前页面上了，当前页面之后的所有页面自动应用该主页。当后面某个页面需要更改主页时，重复操作该步骤即可。

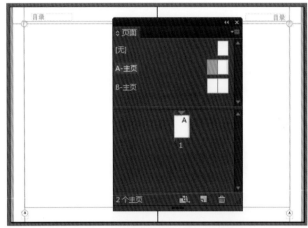

图 8-11 设计主页

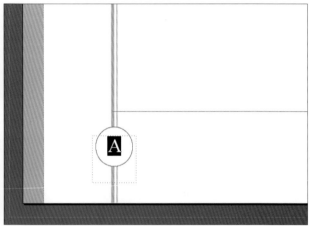

图 8-12 插入页码

图 8-13 应用主页

Tips 关于主页

1. 同一个文档中允许多个主页并存。

2. 同一个页面只允许应用一个主页。

3. 当主页中设定的文件尺寸与文档的尺寸不匹配时，以主页中的尺寸为主。

4. 主页是分左右页的，在设计主页时需要对左右页分别进行设置和应用。

5. 主页与页面的删除方法相同，按住页面拖拉到页面下方的删除按钮处即可。

第三节 字符样式与段落样式

一、字符样式

在图书排版过程中，字符样式与段落样式有着十分重要的作用，可以快速对相同格式的文字应用样式参数，最重要的是它是提取目录的依据，同时是生成正文目录的依据。

定义字符样式和段落样式时可以将现有格式的文字定义为样式，也可以新建样式应用于文字。我们采用在现有格式的文字基础上来定义为例，进行字符样式设计的讲解。

在提取目录时，字符样式可以用于定义页码样式以及页码与标题之间的省略号的样式。

01 图 8-14 是现已定义的字符样式，字体为"黑体"，字号为 12 点，行间距为 18 点，将光标定位于该文字中间任意位置。

02 选择菜单，执行：窗口／样式／字符样式命令，弹出图 8-15 的"字符样式"面板，单击下面的新建按钮，新建字符样式 1，该字符样式的字体为"黑体"，字号为 12 点，行间距为 18 点。

03 使用文字工具绘制文本框，输入文字，如图 8-16 所示。

04 选中整段文字，打开"字符样式"面板，单击定义的"字符样式 1"，则该段文字自动设置字体为"黑体"，字号为 12 点，行间距为 18 点，如图 8-17 所示。

05 双击字符样式，弹出如图 8-18 的"字符样式选项"对话框，所有的字符样式均可以在该对话框中进行定义。样式设置处显示当前所有已定义的样式，即"黑体 +Regular+ 行距：18 点"，修改此处的参数可以对现有字符样式进行重新定义。

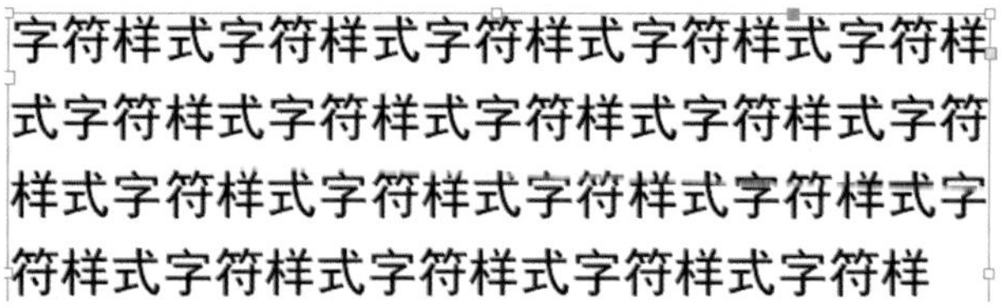

图 8-14 现有样式文字

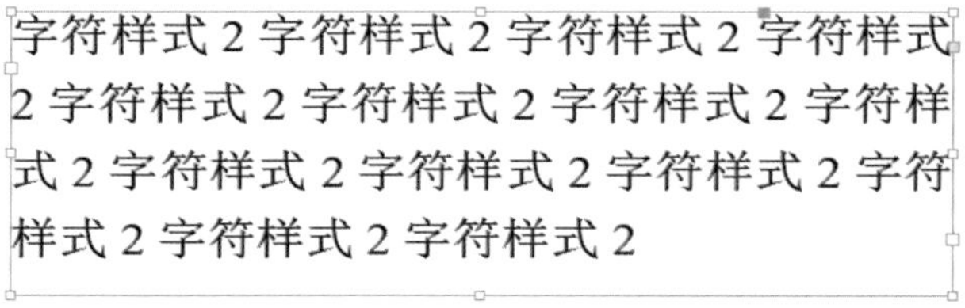

图 8-16 新建文本框

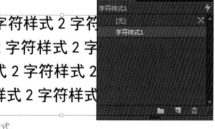

图 8-17 应用字符样式

图 8-15 新建为字符样式

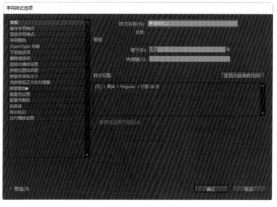

图 8-18 字符样式选项

二、段落样式

段落样式不同于字符样式，字符样式可以用于某几个字或几行字，而段落样式则是应用于整个段落，是提取目录的重要依据。

图 8-19 应用了两种段落样式，分别是章标题段落样式与正文段落样式。章标题用字符样式也可以实现该效果，此处要对其应用段落样式的原因是为了方便提取目录。

下面以图 8-19 为例了解段落样式的定义方法。

01 选择菜单，执行：窗口／样式／段落样式命令，在弹出的图 8-20"段落样式"面板中单击右下角的新建按钮新建段落样式，并重命名为"章标题"。

02 双击新建的段落样式，在弹出的图 8-21"段落样式选项"对话框中单击"基本字符格式"选项卡，设置字体为"方正大标宋简体"，字号为 24 点，其他保持默认。

03 在图 8-22 中单击左侧的"缩进和间距"选项卡，设置"段后距"为 6 毫米，其他保持默认，完成章标题的段落样式定义。

04 在图 8-23 中单击"常规"选项卡即可看到定义的章标题的段落样式参数，即"方正大标宋简体 ＋ Regular ＋ 大小：24 点 ＋ 段后间距：6 毫米"，单击确定按钮完成章标题段落样式的定义。

05 在图 8-24 中新建段落样式，并命名为"正文"。

第一章 初识 Finale

在本章节内容中我们将了解到 Finale 的发展简史、工具面板的使用，掌握如何使用设置向导新建一份乐谱，熟悉 Finale 的操作习惯，用最短的时间了解 Finale "习性"，保存 Finale 文件等内容。

从这里开始，让我们走进 Finale，如果本节内容您已掌握，请通过目录迅速查找自己所需的知识，让 Finale 成为您工作的好工具，让本书成为您工作的好助手。

图 8-19 段落样式案例

图 8-20 新建段落样式

图 8-21 定义字符格式

图 8-22 设置缩进和间距

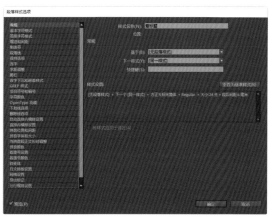

图 8-23 查看定义的样式

图 8-24 新建段落样式

图 8-25 定义字符格式

　　06 双击正文段落样式，在图 8-25 的对话框中切换到"基本字符格式"选项卡，设置字符格式为"华文细黑 ＋ Reaular＋ 大小：11 点 ＋ 行距：20 点"。

　　07 设置标点挤压。在图 8-26 中切换到"日文排版设置"选项卡，在"标点挤压"下拉菜单中选择"缩进 2 个字符"，如图 8-26 所示。

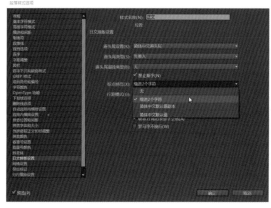

图 8-26 设置标点挤压

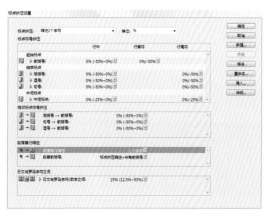

图 8-27 自定义段落行首缩进

08 设置段落行首缩进。选择菜单，执行：文字／标点挤压设置／基本命令，在弹出的图 8-27 对话框中的段落首行缩进处设置"2 个字符"，单击确定即可完成首行缩进 2 个字符的设置。

Tips 关于字符样式与段落样式

章标题、节标题的文字都需要使用段落样式，否则会导致后期无法进行目录的提取操作，其他正文使用字符样式或段落样式皆可。

当在"段落样式"面板中为某段文字应用字符样式或段落样式后，文字却未按照预设的样式显示时，在字符样式或段落样式上单击鼠标右键，选择当前样式，并清除其他样式选项即可。

Tips 保存与载入字符样式或段落样式

InDesign 支持将字符样式与段落样式保存为独立文件，并将其载入新文件中使用。

01 选择菜单，执行：文件／另存为命令，在弹出的图 8-28"存储为"对话框中选择保存类型为"*.indt"。

02 打开"段落样式"面板，单击右上角的小三角按钮，在弹出的图 8-29 菜单中选择"载入段落样式"，或者"载入所有文本样式"，即可将文本样式载入并应用到新文档中。

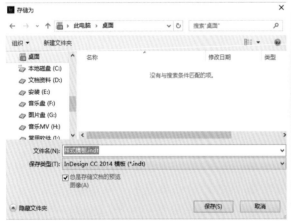

图 8-28 保存模板

图 8-29 载入段落样式

第四节 目录提取

一、建立目录样式

为了能够快速而准确地制作目录并自动生成所需要的样式，在提取目录前，笔者通常采用如下步骤：

1. 手动输入章与节名称、页码以及页码与段落之间的省略号，以便预览效果时使用。

2. 分别手动调整目录、章、节、页码和省略号的字体、字号。

3．手动设置目录段后间距、章标题的段前间距、节标题的行间距。

4．分别将目录、章、节新建为三个段落样式，将省略号与页码新建为字符样式。

5．提取与生成目录。

下面以图 8-30 为例介绍以上内容的操作步骤。

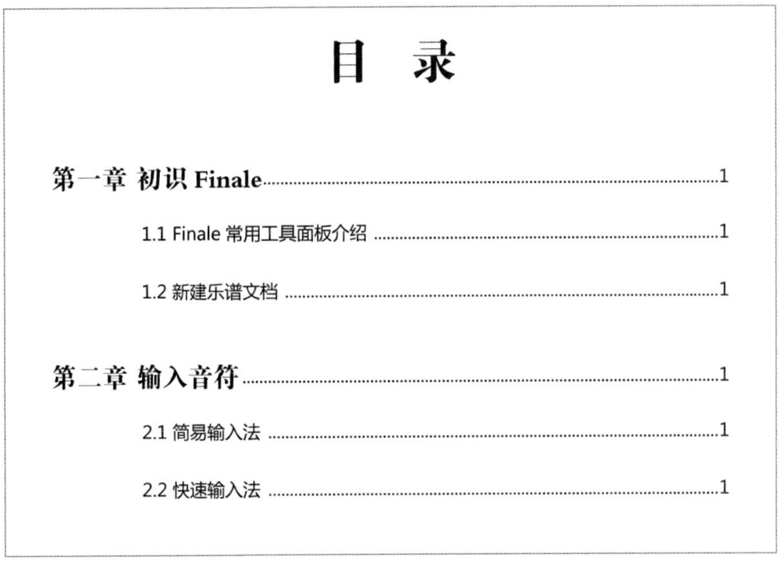

01 如图 8-31 所示，输入在预览效果时使用的文字，包括目录、章、节的文字范例，并手动设置其样式。选中标题"目录"，对其进行样式设置。

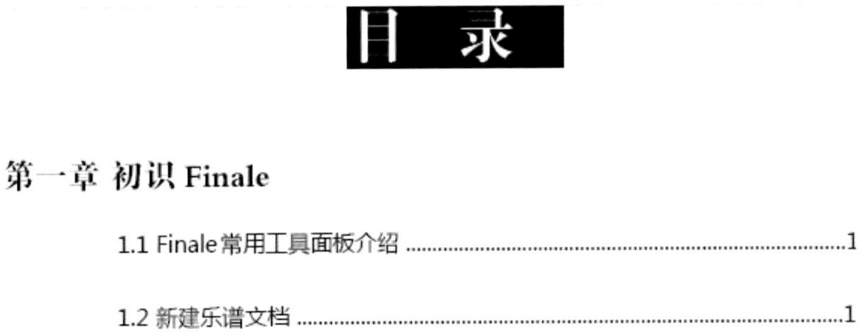

02 设置标题"目录"的段落样式为居中，段后间距为 8 毫米，字体样式为"方正大标宋简体"，字号为 30 点，字间距为 800 点，如图 8-32 所示。

03 选中标题"目录"，打开"段落样式"面板，单击新建按钮，新建目录样式，并重命名该样式为"目录"，如图 8-33 所示。

04 选中第一章标题文字，设置章标题的字符与段落样式，字符样式为"方正大标宋简体"，字号 16 点，段落样式为末行左对齐，段前间距为 5 毫米，其他保持默认，如图 8-34 所示。

目 录

第一章 初识 Finale 1

　　1.1 Finale 常用工具面板介绍 1

　　1.2 新建乐谱文档 1

第二章 输入音符 1

　　2.1 简易输入法 1

　　2.2 快速输入法 1

图 8-30 目录案例

目 录

第一章 初识 Finale

　　1.1 Finale常用工具面板介绍 1

　　1.2 新建乐谱文档 1

图 8-31 选中目录文字

05 选中设定的第一章标题文字，打开"段落样式"面板，单击新建按钮，新建目录样式，并重命名为"目录章"，如图 8-35 所示。

06 双击图 8-35 中目录章的段落样式，在弹出的图 8-36 的对话框中单击"制表符"选项卡，单击右对齐制表符，鼠标放在标尺上向右拖动，在前导符中输入"."，单击确定，完成章标题的段落样式的定义。

07 选中节标题文字，设置其字符样式为"微软雅黑"，字体大小为 11 点，行间距为 35 点，设置段落样式为右缩进 20 毫米，其他保持默认，如图 8-37 所示。

08 将上一步骤中定义的样式新建为段落样式，并命名为"目录节"。双击该段落样式，在弹出的图 8-38 的对话框中选择右对齐制表符，并在标尺上向左拖拉鼠标，设置前导符为"."。

09 选中页码文字，设置字符样式为"微软雅黑"，字号 11 点，其他保持默认，打开"字符样式"面板，将该样式新建为"目录页码"字符样式，如图 8-39 所示。

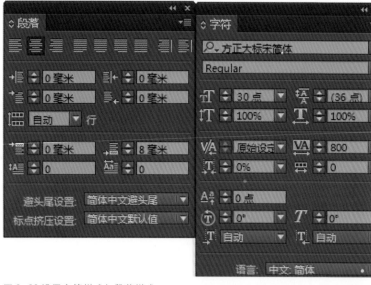

图 8-32 设置字符样式与段落样式

图 8-33 新建段落样式

图 8-34 设置章标题的字符样式与段落样式

图 8-35 新建章标题的段落样式

图 8-36 定义制表符

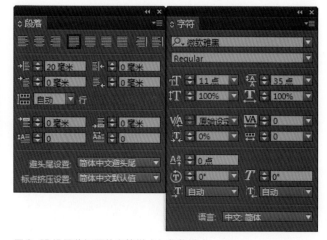

图 8-37 设置节标题的字符样式与段落样式

图 8-38 设置制表符

图 8-39 设置字符样式

二、目录的提取

目录提取前的主要准备工作即为建立两套段落样式，第一套段落样式是图书在编写过程中提前定义的章与节的段落样式，可将其应用到正文页面中，也可以提取出来显示到目录中。第二套段落样式是图书编写完成以后定义的章与节的段落样式。两套段落样式都需要分别设置章与节的段落样式。

经过上述 9 个步骤的操作后，前期准备工作完成。接下来是建立目录样式，用于提取目录。目录样式将根据建立的两套段落样式进行提取与定义。

01 选择菜单，执行：版面／目录样式命令，在弹出的对话框中单击新建按钮，弹出如图 8-40 的对话框，单击更多选项按钮，在该对话框的"其他样式"中双击"正文章"，将其添加到目录中的样式列表中，并设置"条目样式"为"目录章"，"页码"为"条目后"，"条目与页码间"选择右对齐制表符，即"^y"，设置样式为"目录页码"。

02 如图 8-41 所示，在该对话框的"其他样式"中双击"正文节"，将其添加到目录中的

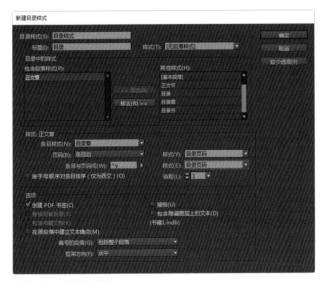

图 8-40 新建目录样式

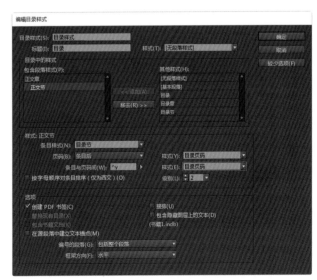

图 8-41 编辑目录样式

样式列表中，并设置"条目样式"为"目录节"，"页码"为"条目后"，"条目与页码间"选择右对齐制表符，即"^y"，设置样式为"目录页码"。

03 选择菜单，执行：版面 / 目录命令，选择建立的目录样式，单击确定。这时，鼠标处显示文字串，表示目录已被提取。在空白页面上单击鼠标，即可自动创建提取的目录。当目前目录样式有不合适的地方时，进行微调即可。当对正文中的相关内容进行改动后导致目录文字或页码顺序出现变动时，只需要选择菜单，执行：版面 / 更新目录命令，对目录进行更新即可，原文中改动过的章节文字或页码在目录中将自动更新，如图 8-42 所示。

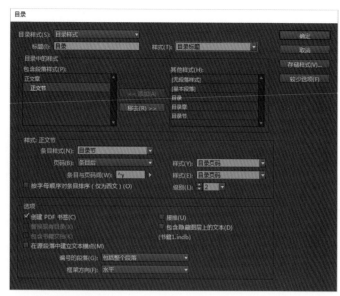

图 8-42 应用目录样式

三、图书目录的提取

目录除了可以在同一个文档中提取，也可以跨文档提取。由于图书内容量较大，为了编辑时更加方便，也为了避免单个文档内容因过多而反应迟缓，所以在编辑书籍时，经常采用一章一个文件的形式，最后将多个文档通过书籍的形式串联在一起，这样可以快速实现目录的提取以及页码的重排。

01 选择菜单，执行：文件 / 新建 / 书籍命令，弹出图 8-43 的"书籍"面板，点击右下角的加号按钮，将所有章的单个文件全部添加到"书籍"面板中，上下拖拉文档可调整章的顺序。

02 在图 8-43 的面板右上角单击三角形按钮，弹出如图 8-44 的菜单，执行：更新编号 / 更新页面和章节页码命令，所有章节的页码即可完成自动排序。每章的页码需要到各自章节所在的主页中添加，如果每章的主页中没有添加页码，将不会显示页码。

03 在"书籍"面板中双击第一章条目，即可将第一章文件打开，选择菜单，执行：版面 / 目录命令，目录被提取，并被添加到第一章预留的目录空白页面中，如图 8-45 所示。

当章、节标题或页码变动后，选择菜单，执行：版面 / 更新目录命令，对改动后的目录进行更新即可。

图 8-43 建立书籍

图 8-44 更新页面和章节页码

图 8-45 提取目录

第九章

导入 Excel 等外部数据
——表格处理

本章概要

- 表格的设计与制作
- 导入 Office 的文档
- 批量制作员工证、学生准考证等

第一节 表格的设计与制作

一、案例一

InDesign 中的表格是在使用文字工具绘制一个文本框后，作为文字元素插入文本框中的，当表格溢出当前文本框时，溢出部分无法正常显示。

此处以图 9-1 为例。

01 新建文档，设置尺寸为 190×101 毫米，边距为 12 毫米，使用文字工具绘制文本框并输入文字，完成效果如图 9-2 所示。

02 使用文字工具绘制文本框，选择菜单，执行：表/插入表命令，在弹出的如图 9-3 的"插入表"对话框中设置正文行为 6，列为 12，单击确定。

No:

广东省东莞市某单位收款收据

付款单位：　　　　　　　　　　　　　　　　　　　　　　　　　　年　　月　　日

项目及摘要	单价	数量	价格	万	千	百	十	元	角	分	备注	第一联 存根联
合计人民币（大写）												
注：本收据只用于款项往来，不代替发票使用，凭此收据可换发票。			付款方式：　□现金□ POS □其他									

（表头"金额"横跨 万/千/百/十/元/角/分 七列）

经办人：　　　　　　　　　　　出纳：　　　　　　　　　　　审核：

图 9-1 案例一效果图

图 9-2 输入文字

图 9-3 插入表

03 在图 9-4 中使用文字工具选中整个表格，在控制面板处设置表格中的文字的参数，设置字体为"楷体"，字号为 10 点，文字对齐方式为末行居中，设置文字"垂直居中对齐"，描边粗细为 0.5 点，其他保持默认。

04 选中图 9-5 中的单元格，选择菜单，执行：表／水平拆分单元格命令，单元格即被拆分为两行。

05 图 9-5 中的单元格被拆分为两行后，选中上方的 7 个单元格，选择菜单，执行：表／合并单元格命令，并将文字输入，完成效果如图 9-6 所示。

06 选择文字工具，将图 9-7 中的单元格选中，设置其宽度。

07 选择菜单，执行：表／单元格选项／行和列命令，在弹出的如图 9-8 的对话框中设置列宽为 6 毫米，单击确定。

08 调整表格中所有列的宽度，合并部分单元格，完成效果如图 9-9 所示。

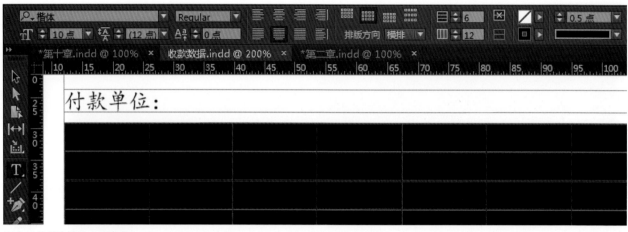

图 9-4 设置表格的文字参数

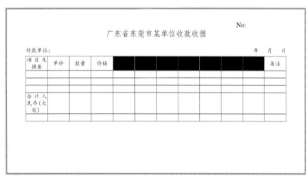

图 9-5 拆分单元格

图 9-6 合并单元格

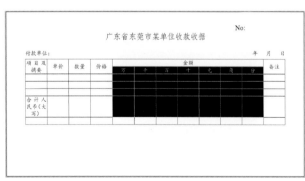

图 9-7 选择单元格

图 9-8 设置列宽

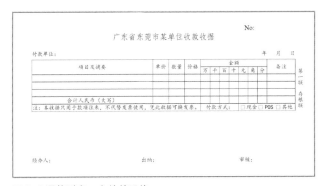

图 9-9 调整列宽、合并单元格

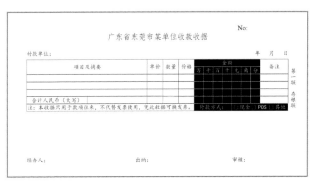

图 9-10 选择单元格

图 9-11 设置行高

图 9-12 完成设计

09 使用文字工具选中图 9-10 中的单元格，设置行高。

10 选择菜单，执行：表／单元格选项／行和列命令，弹出如图 9-11 的对话框，设置行高为 8 毫米。

11 设置完行高后，使用直排文字工具输入右边的存根文字，完成案例的设计，如图 9-12 所示。

二、案例二

如图 9-13，表格的隔行换色是常用的一个功能，便于查阅同一个表中不同类别的参数。InDesign 提供了比较强大的设置功能，隔行换色支持行（列）的隔行（列）换色，以及表格边框线的设置。

该功能适用于有规律的隔行换色，如果表格中隔行换色不规则，则需要手动依次调整每行的颜色以及表格边框线。

下面以图 9-13 为例，介绍 InDesign 的隔行换色的功能设置。

白色、红色、黄色配色分析							
序号	质量对比				外观	原因分析	
		黑色	白色	红色	黄色		
白色质量	1	1000	88	8	6	浅灰	白色过多
	2	1000	60	8	6	浅黄	白色过多
	3	1000	50	8	6	浅黄	白色过多
	4	1000	40	8	6	深灰	白色过多
红色质量	5	1000	65	8	6	浅黄	红色过少
	6	1000	65	11	6	浅色	红色过少
	7	1000	65	14	6	浅色	红色过少
	8	1000	65	16	6	浅红	红色过多
黄色质量	9	1000	65	15	1	无变化	黄色过少
	10	1000	65	15	2	无变化	黄色过少
	11	1000	65	15	3	浅黄	黄色过多
	12	1000	65	15	4	浅黄	黄色过多

图 9-13 案例二效果图

01 使用文字工具绘制文本框，并调整到合适大小，将光标定位到文本框内，选择菜单，执行：表／插入表命令，在弹出的图 9-14 的对话框中输入正文行、列、表头行的参数，其他保持默认，单击确定。

02 在图 9-15 中输入文字，选择菜单，执行：表／单元格选项／行和列命令，在弹出的"单元格选项"对话框中调整单元格的行高为 12 毫米。

03 拖拉鼠标选中表头行，选择菜单，执行：窗口／样式／单元格样式命令，在图 9-16 的浮动窗口中单击新建按钮新建单元格样式，并命名为"表头行"。

04 双击图 9-16 中新建的"表头行"，在弹出的图 9-17 的对话框中单击"常规"选项卡，在右侧段落样式处选择"新建段落样式"。

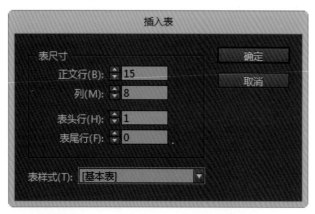

图 9-14 插入表

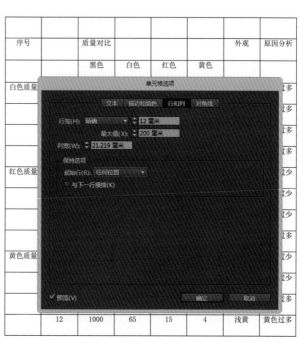

图 9-15 输入文字并设置行高

图 9-16 新建表头行样式

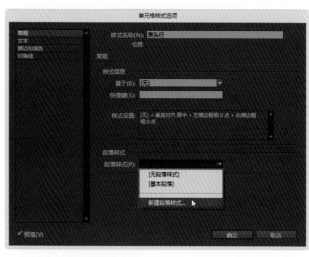

图 9-17 定义表头行段落样式

05 在弹出的图 9-18"新建段落样式"对话框中设置字体为"宋体"，字号为12点，字符对齐方式为"全角，居中"，其他保持默认，单击确定，表头行中的文字将应用该样式。

06 选择图 9-19"单元格样式选项"对话框中的"文本"选项卡，设置文本垂直对齐方式为居中对齐。

07 在图 9-20 中切换到"描边和填色"选项卡，取消上下边线条，单击左右描边；设置上下边描边粗细为 0 点，类型为实底，颜色为黑色；单元格填色为黑色，色调为40%，单击确定，完成表头行的样式设定。

08 选择菜单，执行：窗口／样式／表样式命令，在弹出的图 9-21 浮动窗口中单击新建按钮，新建表样式，并命名为"正文隔行换色"。

09 在图 9-22"表样式选项"对话框中选择"常规"选项卡，在单元格样式处选择表头行样式为"表头行"，在表体行样式的下拉菜单中选择"新建单元格样式"，为表体行定义新的单元格样式。

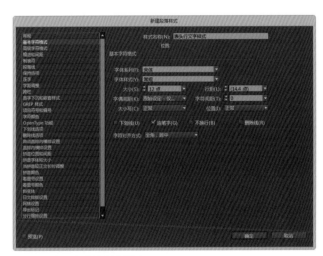

图 9-18 定义表头行段落样式

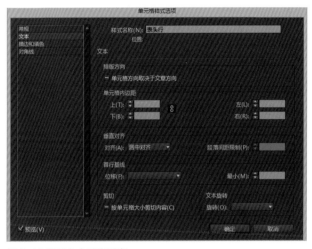

图 9-19 定义文本垂直对齐

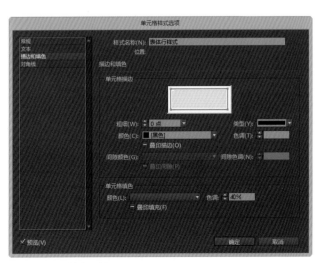

图 9-20 定义描边和填色

图 9-21 表样式

10 在弹出的图 9-23"新建单元格样式"对话框的段落样式下拉菜单中选择"新建段落样式"。

11 在图 9-24"新建段落样式"对话框中单击"基本字符格式"选项卡，设置字体为"宋体"，字号为 12 点，其他保持默认。

12 在图 9-25"段落样式选项"对话框中单击"缩进和间距"选项卡，设置对齐方式为居中，其他保持默认，单击确定，完成表体行的段落样式定义。

13 在图 9-26"新建单元格样式"对话框中单击"文本"选项卡，选择垂直对齐方式为居中对齐。

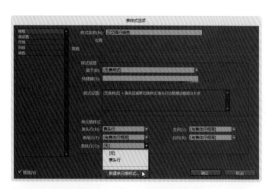

图 9-22 定义表样式

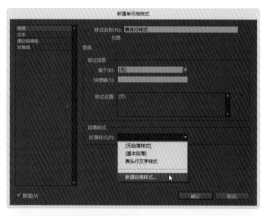

图 9-23 定义表体行单元格样式

图 9-24 定义表体行文字样式

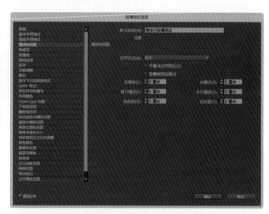

图 9-25 定义表体行间距样式

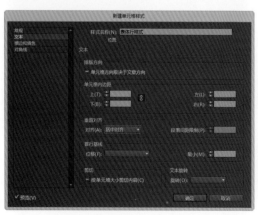

图 9-26 定义表体行对齐样式

图 9-27 定义表体行边线样式

14 在图9-27"新建单元格样式"对话框中单击"描边和填色"选项卡,选定单元格左右线条,设置粗细为0点;选定上下线条,设置粗细为0.5点,类型为实底,颜色为黑色,完成表体行的样式定义。

15 在图9-28"表样式选项"对话框中单击"表设置"选项卡,设置表外框粗细为0.5点,颜色为黑色。

16 在图9-29"表样式选项"对话框中单击"填色"选项卡,在交替模式下拉菜单处选择"自定行",交替参数为:前4行,颜色为黑色,色调为20%;后4行,颜色为无,跳过最前面2行,其他保持默认,完成表的样式定义。

17 将光标定位到表中任意单元格,打开"表样式"面板,选择定义的正文隔行换色表样式,如图9-30所示。

18 如图9-31所示,此时已自动套用了定义的样式,效果图的设计完成。

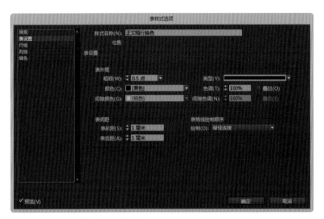

图9-28 定义表外框边线的样式

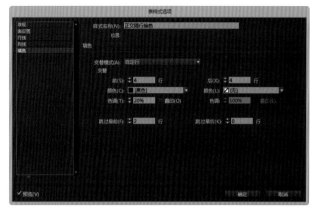

图9-29 定义隔行换色样式

白色、红色、黄色配色分析							
序号	质量对比				外观	原因分析
	黑色	白色	红色	黄色		
白色质量 1	1000	88	8	6	浅灰	白色过多
2	1000	60	8	6	浅黄	白色过多
3					浅黄	白色过多
4					深灰	白色过多
红色质量					浅黄	红色过少
6					浅色	红色过少
7					浅色	红色过少
8					浅红	红色过少
黄色质量 9					无变化	黄色过少
10	1000	65	15	2	无变化	黄色过少
11	1000	65	15	3	浅黄	黄色过多
12	1000	65	15	4	浅黄	黄色过多

图9-30 应用表样式

白色、红色、黄色配色分析						
序号	质量对比				外观	原因分析
	黑色	白色	红色	黄色		
1	1000	88	8	6	浅灰	白色过多
2	1000	60	8	6	浅黄	白色过多
白色质量 3	1000	50	8	6	浅黄	白色过多
4	1000	40	8	6	深灰	白色过多
5	1000	65	8	6	浅黄	红色过少
6	1000	65	11	6	浅色	红色过少
红色质量 7	1000	65	14	6	浅色	红色过少
8	1000	65	16	6	浅红	红色过少
9	1000	65	15	1	无变化	黄色过少
10	1000	65	15	2	无变化	黄色过少
黄色质量 11	1000	65	15	3	浅黄	黄色过多
12	1000	65	15	4	浅黄	黄色过多

图9-31 完成设计

第二节 导入 Office 文档

一、案例一：导入文本文档

InDesign 支持直接置入文本文档进行编辑，本节主要介绍将带有格式的文本文档置入 InDesign 中并转为表格的操作方法。

01 图 9-32 是从某数据库中导出的一部分数据，其格式由 6 个字段组成，字段与字段之间用空格隔开，信息与信息之间用换行符隔开。

02 选择菜单，执行：文件 / 置入命令，弹出图 9-33 的"置入"对话框，选择需要置入的文本文档，单击打开按钮，将文字置入 InDesign 中。

03 当记事本置入 InDesign 中后，InDesign 会自动显示网格，如图 9-34 所示。按下 W 键进入页面预览模式后，该网格自动隐藏。

04 按 Ctrl+A 全选文字，选择菜单，执行：表 / 将文本转换为表命令，弹出图 9-35 所示的对话框，在该对话框中设置转换参数，列分割符为空格，行分隔符为段落（即回车），其他参数保持默认，单击确定。

Tips 关于分隔符

分隔符可以手动输入，也可以使用预置的符号，可以是空格、逗号、回车等。

图 9-32 文本文档

图 9-33 置入文本文档

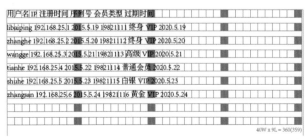

图 9-34 置入记事本

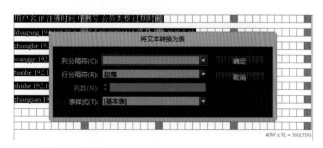

图 9-35 将文本转换为表

05 图 9-36 是将文本转换为表后的默认样式。

06 为图 9-36 中的表定义表格样式。首先定义段落样式，在图 9-37 中双击基本段落，修改基本段落样式。

07 在图 9-38 中单击"基本字符格式"选项卡，将字体设置为"宋体"，字号为 12 点，其他保持默认。

08 在图 9-39 中单击"缩进和间距"选项卡，将对齐方式设置为居中对齐，其他保持默认，单击确定完成基本段落样式的定义。

09 打开"单元格样式"面板，新建单元格样式，将其命名为"表体行"，如图 9-40 所示。

10 双击图 9-40 中的表体行，弹出如图 9-41 的对话框，单击"常规"选项卡，选择段落样式为"基本段落"，其他保持默认。

图 9-37 定义表头行的段落样式

用户名	IP	注册时间	序列号	会员类型	过期时间
libaiping	192.168.25.1	2015.5.19	19821111	终身 VIP	2020.5.19
zhanghe	192.168.25.2	2015.5.20	19821112	终身 VIP	2020.5.20
wangge	192.168.25.3	2015.5.21	19821113	高级 VIP	2020.5.21
tianhe	192.168.25.4	2015.5.22	19821114	普通会员	2020.5.22
shuhe	192.168.25.5	2015.5.23	19821115	白银 VIP	2020.5.23
zhangsan	192.168.25.6	2015.5.24	19821116	黄金 VIP	2020.5.24

图 9-36 将文字转换为表

图 9-38 定义基本字符格式　　　　　　　　　　图 9-39 定义缩进和间距

图 9-40 新建表体行

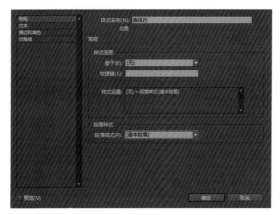
图 9-41 定义表体行的段落样式

11 在图 9-42 的对话框中单击"文本"选项卡，设置垂直对齐方式为居中对齐，其他保持默认。

12 在图 9-43 的对话框中单击"描边和填色"选项卡，设置描边粗细为 0.5 点，颜色为黑色，类型为实底，单击确定。

13 打开"表样式"面板，双击基本表，定义基本表样式，如图 9-44 所示。

14 在图 9-45 的对话框中选择表体行样式为表体行。

15 在图 9-46 的对话框中单击"填色"选项卡，设置交替模式为自定行，前 1 行为黑色，色调设置为 20%，后 6 行设置颜色为无，其他保持默认。

16 在图 9-47 中将光标定义到任意单元格内，单击表样式中的基本表，自动应用定义的表样式。

图 9-42 设置居中对齐

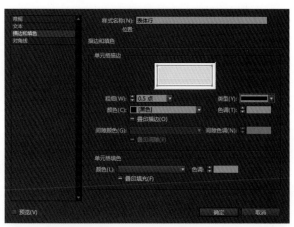

图 9-43 定义描边和填色

图 9-44 定义基本表的样式

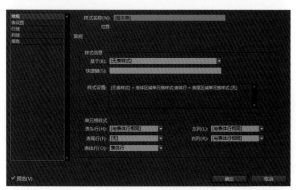

图 9-45 定义表体行

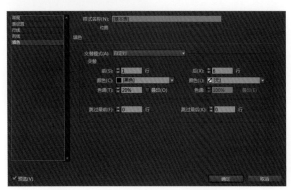

图 9-46 填色

用户名	IP	注册时间			时间
libaiping	192. 168. 25. 1	2015. 5. 19			5. 19
zhanghe	192. 168. 25. 2	2015. 5. 20			5. 20
wangge	192. 168. 25. 3	2015. 5. 21			5. 21
tianhe	192. 168. 25. 4	2015. 5. 22			5. 22
shuhe	192. 168. 25. 5	2015. 5. 23			5. 23
zhangsan	192. 168. 25. 6	2015. 5. 24	19821116	黄金 VIP	2020. 5. 24

图 9-47 应用表样式

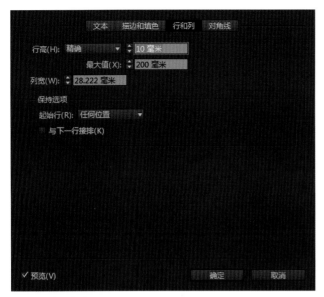

图 9-48 定义行高

用户名	IP	注册时间	序列号	会员类型	过期时间
libaiping	192.168.25.1	2015.5.19	19821111	终身 VIP	2020.5.19
zhanghe	192.168.25.2	2015.5.20	19821112	终身 VIP	2020.5.20
wangge	192.168.25.3	2015.5.21	19821113	高级 VIP	2020.5.21
tianhe	192.168.25.4	2015.5.22	19821114	普通会员	2020.5.22
shuhe	192.168.25.5	2015.5.23	19821115	白银 VIP	2020.5.23
zhangsan	192.168.25.6	2015.5.24	19821116	黄金 VIP	2020.5.24

图 9-49 完成设计

17 全选表格，选择菜单，执行：表／单元格选项／行和列命令，在弹出的图 9-48 的对话框中单击"行和列"选项卡，定义行高精确值为 10 毫米，其他保持默认，单击确定。

18 图 9-49 为最终完成的效果。

Tips 文字与表的互转

InDesign 支持文字与表格的相互转换，可以将表格中的文字直接转为纯文本形式，也可以将具有一定格式的文本转为表格。

二、案例二：导入 Excel 文档

InDesign 支持直接导入 Excel 文档，并保留 Excel 文档的原有文件格式。图 9-50 是 Excel 文档，现在，我们将其导入 InDesign 中。

01 按置入快捷键 Ctrl+D，弹出如图 9-51 的对话框，在该对话框中勾选"显示导入选项"复选框，打开需要置入的 Excel 文件。

图 9-50 Excel 表格

图 9-51 置入

图 9-53 缺失字体

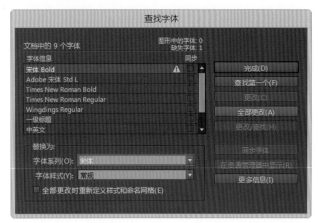

图 9-52 设置导入参数

图 9-54 查找并更换字体

瓷地砖数量清单

序号	工程项目	瓷砖面积	单位	房面积	所需瓷砖数量	预留瓷砖	需购瓷砖	单价	总金额
1	大厅地砖（800×800）	0.64	m²	25	39		42	22.5	945
2	大厅踢脚线（800×100）	0.8	m	19	23	2	25	10	250
3	厨房地砖（300×300）	0.09	m²	4.2	46	4	50	2	100
4	厨房墙砖（300×450或300×600）	0.18	m²	18	100	10	110	8	880
5	阳台地砖（300×300）	0.09	m²	8.5	94	9	103	2	206
6	卧室地砖（600×600）	0.64	m²	27	42		46	22.5	1035
7	房间踢脚线（800×100）	0.8	m	34	42	4	46	10	460
8	卫生间地砖（300×300）	0.09	m²	3.5	38		41	2	82
9	卫墙砖（300×450或300×600）	0.18	m²	17.5	97	9	106	8	848
10	地漏		个		3				

图 9-55 完成设计

02 在图 9-52 的对话框的"表"下拉菜单下选择"有格式的表"，其他参数保持默认，单击确定。

03 当字体名称在当前电脑字库中搜索不到时，弹出如图 9-53 的对话框，单击"查找字体"更换缺失的字体。

04 在图 9-54 中单击缺失的字体，在下方选择替换的字体，单击"全部更改"，再单击"完成"，字体即被替换。

05 在页面中合适的位置单击光标，完成效果如图 9-55 所示。

Tips 关于置入文本

在 InDesign 中可以将 Excel 文档以纯文本的形式置入，在置入选项中设置相关参数即可。InDesign 同时支持置入 Word 文档，可以将大篇幅的 Word 文档置入 InDesign 中进行专业混排。

第三节　制作准考证

InDesign 具有数据功能，允许从 csv 或 txt 文档中读取数据，利用这一特性，可以将其用于制作准考证、员工证等大数量的证件。在制作准考证或员工证前，我们可通过数据库将资料导出，进行一定格式的调整，使其符合 InDesign 的读取规范，以方便批量制作证件。本节以制作准考证为例介绍本功能。

在图 9-56 的案例中，信息主要分为两部分：一部分是固定信息，如标题、考试信息、注意事项等；另一部分是变动的信息，如考生照片、准考证号、姓名等。固定的信息可以直接在 InDesign 中输入，变动的信息可通过数据读取的方式实现。

01 原始数据一般在会员报名时已通过网站或其他途径录入数据库，从数据库中将其导出即可。在 Excel 中按照如图 9-57 的格式对数据库中导出的数据进行整理。

广东省 2015 年某学校统一招生考试

准 考 证

准考证号: 114101

姓名: 朱沛泉　　性别: 男

证件号码: 372328x9000000

考场号: 100　　座位号: 1

考点名称: 广东省某学校
考点地址: 广东省东城区某路某号

考试科目	考试时间
语文	5 月 16 日 9: 00~11: 30
数学	5 月 16 日 14: 30~17: 00
英语	5 月 17 日 9: 00~11: 30
政治	5 月 17 日 14: 30~17: 00
法律	5 月 18 日 9: 00~11: 30

注意: 1. 开考 15 分钟以后不得入场。
　　　2. 考生凭借此证件和有效身份证件入场考试。

图 9-56 准考证

	考号	姓名	性别	证件号	考场	座位号	照片
2	114101	朱沛泉	男	372328x9000000	100	1	H:\InDesign CC教程\光盘素材\第十章\第三节\141pp\114101朱沛泉.jpg
3	114102	周兆聪	男	372328x9000001	101	2	H:\InDesign CC教程\光盘素材\第十章\第三节\141pp\114102周兆聪.jpg
4	114103	郑乐君	女	372328x9000002	102	3	H:\InDesign CC教程\光盘素材\第十章\第三节\141pp\114103郑乐君.jpg
5	114104	赵彩玉	女	372328x9000003	103	4	H:\InDesign CC教程\光盘素材\第十章\第三节\141pp\114104赵彩玉.jpg
6	114105	张炜豪	男	372328x9000004	104	5	H:\InDesign CC教程\光盘素材\第十章\第三节\141pp\114105张炜豪.jpg
7	114106	翟荣昆	男	372328x9000005	105	6	H:\InDesign CC教程\光盘素材\第十章\第三节\141pp\114106翟荣昆.jpg
8	114107	余玥	女	372328x9000006	106	7	H:\InDesign CC教程\光盘素材\第十章\第三节\141pp\114107余玥.jpg
9	114109	叶梓豪	男	372328x9000007	107	8	H:\InDesign CC教程\光盘素材\第十章\第三节\141pp\114109叶梓豪.jpg
10	114110	叶晓淇	女	372328x9000008	108	9	H:\InDesign CC教程\光盘素材\第十章\第三节\141pp\114110叶晓淇.jpg
11	114111	叶朗熙	男	372328x9000009	109	10	H:\InDesign CC教程\光盘素材\第十章\第三节\141pp\114111叶朗熙.jpg

图 9-57 整理 Excel 数据

02 在 Excel 中将文件另存为"Unicode"文本，在弹出的所有提示框中全部单击确定。用记事本打开保存的文件，其格式如图 9-58 所示。为了让 InDesign 能够读取图片信息，在"照片"二字前加"@"符号。至此，数据准备完毕。

03 按照图 9-59 的格式对所有图片名称进行整理，使其与图 9-58 中照片路径中的文件名称保持一致，并确保前面的数字与准考证号统一，使考生信息与照片一一对应。

04 图 9-60 的信息属于固定信息，将这部分信息输入。

Tips 关于图片命名规则

图片的命名规则是准考证号 + 姓名，其中准考证号不是必需的，笔者重命名中加入准考证号的目的是为了便于按照准考证号排序。

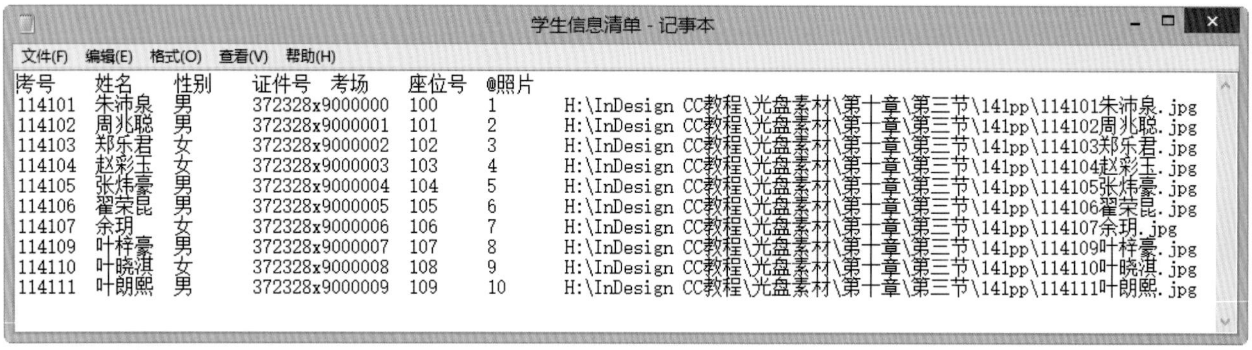

图 9-58 用记事本打开文件

114101朱沛泉　114102周兆聪　114103郑乐君

114104赵彩玉　114105张炜豪　114106翟荣昆

114107余玥　114109叶梓豪　114110叶晓淇

图 9-59 整理照片名称

图 9-60 输入固定信息

图 9-61 绘制矩形框架与文本框

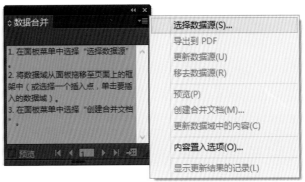

图 9-62 选择数据源

图 9-63 对应数据

图 9-64 预览信息

05 使用矩形框架工具绘制一个矩形，使用文字工具绘制 6 个文本框，分别摆放在准考证号、姓名、性别、证件号码、考场号和座位号后面，如图 9-61 所示。

06 选择菜单，执行：窗口／实用程序／数据合并命令，弹出如图 9-62 所示的"数据合并"浮动窗口，单击右上角的按钮，在弹出的菜单中单击"选择数据源"选项。

07 在"数据合并"面板中按住"考号"字段并拖到刚绘制的"准考证号"后的文本框中松开鼠标，依次拖动所有字段到对应位置，完成后效果如图 9-63 所示。

08 在"数据合并"面板下方单击预览按钮即可查看当前信息情况，通过预览信息对相关数据的位置进行微调，直到位置合适为止，完成效果如图 9-64 所示。至此，数据的读取、调用完成。

09 在"数据合并"面板的右上角单击按钮，在弹出的菜单中单击"创建合并文档"选项，如图 9-65 所示。

图 9-65 创建合并文档

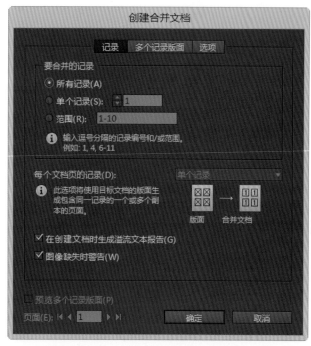

图 9-66 创建合并文档

图 9-67 创建合并文档

10 在弹出的"创建合并文档"对话框中选择要合并的记录为"所有记录",其他保持默认,单击确定按钮即可自动创建所有记录,如图 9-66 所示。

11 如图 9-67 所示,所有条目的信息以一页的形式自动完成创建,照片、姓名、准考证等所有信息完成自动读取调用,实现批量输出准考证功能,利用该特性还可以完成此类性质的大量其他工作。

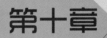

第十章
文件的输出与打包
——输出设置

本章概要

- 印前检查与文件导出
- 打包与快捷键

第一节　印前检查与文件导出

一、印前检查

当对大型文档或出版物进行排版时，由于信息量较大，当出现原始图片丢失、文字溢出、字体丢失的情况时，通过人工检查是不容易检查出此类问题的。为此，InDesign 提供了印前检查功能，自动对出错信息进行实时检查、实时反馈。

01 当文档中出现文字溢出、链接出错、字体缺失的情况时，当前文档下方的状态栏处会出现红色圆点，即表示当前文档某些信息出错；选择菜单，执行：窗口／输出／印前检查命令，在弹出的"印前检查"面板中同样可以观测到错误信息，如图 10-1 所示。

02 打开链接错误，可以看到缺失的链接文档，在该信息条目上双击，可以跳转到页面中对应的位置，便于查找更新，如图 10-2 所示。

03 选择菜单，执行：窗口／链接命令，打开"链接"面板，在页面中单击缺失链接的图片，"链接"面板会自动跳转到该文档链接处，并显示一个红色圆圈的问号。在此处单击鼠标右键，在弹出的菜单中单击"重新链接"，找到该文档重新链接即可，如图 10-3 所示。

如果整个文档中的所有图片因为路径问题导致缺失链接，则重新链接其中任意一张图片后，整个文档中的所有图片都会自动重新链接。

04 当原始图片未缺失，但是已经被修改过时，在"链接"面板中将会用黄色图表提示该图片，通过双击黄色图标即可自动完成更新，如图 10-4 所示。

05 在"链接"面板中打开错误文本，常见错误主要

图 10-1 印前检查

图 10-2 链接错误

图 10-3 重新链接

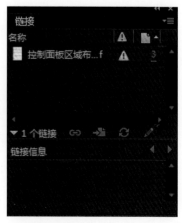

图 10-4 图片修改

图 10-5 溢流文本与缺失字体

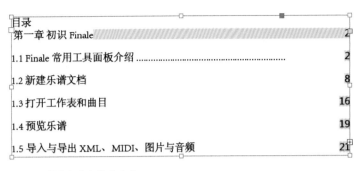

图 10-6 溢流文本与缺失字体

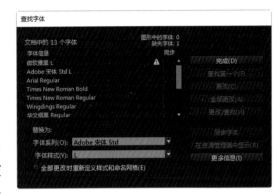

图 10-7 更改字体

有溢流文本与缺失字体两种情况，如图 10-5 所示。

06 在图 10-6 中，文本框右下角有红色十字图标，表示此处有溢流文本，我们可单击该红色图标后在空白页面上再次单击，即可继续创建文本框，溢流文本就会显示出来；或者使用选择工具将该文本框增大以容纳所有文字，则溢流文本自动显示。

07 图 10-6 中，显示浅黄色背景条的位置即缺失字体的文字，选择菜单，执行：文字 / 查找字体命令，弹出如图 10-7 的对话框，显示黄色叹号的字体表示缺失的字体，在下面选择一个替换字体，单击全部更改，即可将文档中当前缺失的字体全部替换。

二、文件导出

InDesign 支持导出的文件类型有 pdf、eps、jpeg、png、epub、swf、html、txt 等多种类型。

01 选择菜单，执行：文件 / 导出命令，弹出如图 10-8 的对话框，在保存类型下拉菜单中选择导出的类型即可。

02 InDesign 导出 pdf 文件有两种类型，一种是用于交互的，一种是用于打印的。图 10-9 是交互式 pdf，该 pdf 允许设置查看模式、演示文稿模式、页面过渡效果等。

03 导出 pdf 用于打印，其参数设置与用户交互型的有所不同，用于打印的 pdf 自动内嵌所有字体，可以设置出血位等，如图 10-10 所示。

图 10-8 导出文件

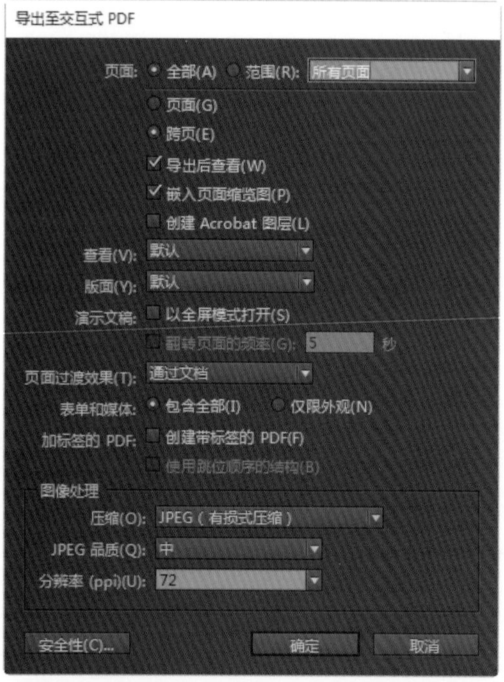

图 10-9 导出 pdf 文件（交互）

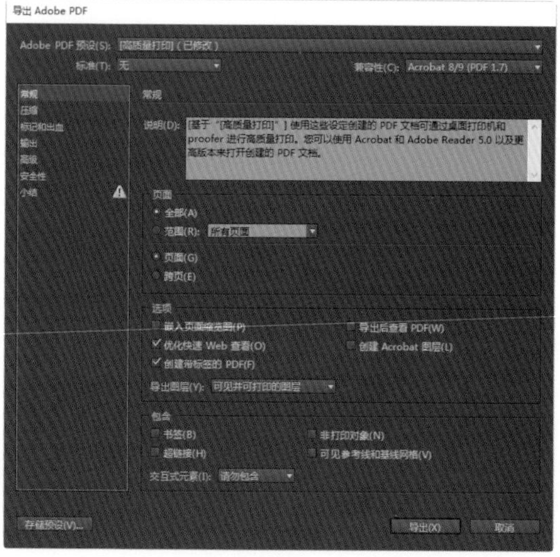

图 10-10 导出 pdf 文件（打印）

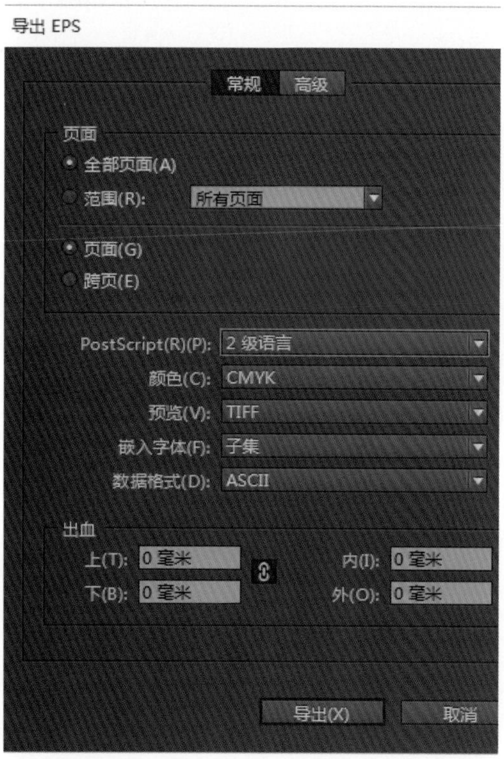

图 10-11 导出 eps 格式文件

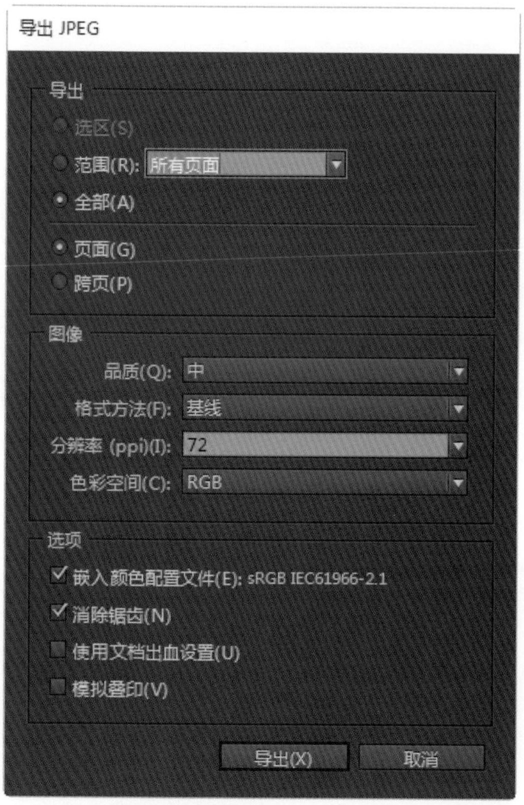

图 10-12 导出 jpeg 格式文件

04 图 10-11 是导出 eps 格式文件的操作面板，InDesign 导出的 eps 文件是未经转曲的，用 Illustrator 打开编辑时，可以直接修改该 eps 的文字或字体。如果需要转曲，可以在 InDesign 中将相应文字选中，选择菜单，执行：文字／创建轮廓命令即可。

05 图 10-12 为导出 jpeg 格式文件的操作面板，在该对话框中可以进行图像品质、分辨率、色彩空间等设置。

第二节 打包与快捷键

一、打包文档

打包的目的是可以将文档，以及文档中的图片、字体单独复制一份出来并存储到指定位置。打包可以解决图片链接错误、字体缺失等问题。

01 选择菜单，执行：文件／打包命令，弹出如图 10-13 的对话框，在当前"小结"面板显示当前打包中所有对象的状态以及字体打包的问题。如果有问题的，到对应项目中查看问题并解决。

02 单击字体选项，如图 10-14 所示，这里可以查看当前文档中使用的所有字体，如有缺失的字体，可通过查找字体来解决，其他保持默认，单击打包按钮。

03 在打印说明处输入相关文字信息，单击下一步，如图 10-15 所示。

04 在图 10-16 中选择打包的保存路径，其他项目保持默认，单击打包按钮。

图 10-13 打包

图 10-14 检查字体

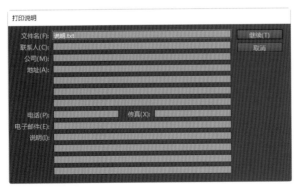

图 10-15 输入打印说明

图 10-16 选择保存路径

05 如图 10-17 所示，显示字体授权协议警告，单击确定。

06 打包完成后的文件包括图 10-18 中的 4 部分，Document fonts 文件包含当前文档中所有使用过的字体，Links 文件夹中是当前所有使用过的图片。

当文档数量较多时，可以将多个文档制作成书籍，以书籍的形式将所有文档打包。

如图 10-19 所示，打开"书籍"面板，单击右上角按钮，在弹出的菜单中选择"打包'书籍'以供打印"，将书籍进行打包，其他步骤同打包文档一样，不再赘述。

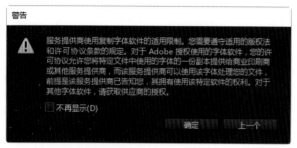

图 10-17 字体授权协议警告

图 10-18 打包的文件

图 10-19 打包书籍

二、快捷键

1. 文件菜单

快捷键	功能	快捷键	功能
Ctrl+N	新建文档	Ctrl+O	打开
Ctrl+Alt+O	在 Bridge 中浏览	Ctrl+W	关闭
Ctrl+S	存储	Ctrl+Shift+S	存储为
Ctrl+Alt+S	存储副本	Ctrl+D	置入
Ctrl+E	导出	Ctrl+Alt+P	文档设置
Ctrl+Alt+Shift+I	文件信息	Ctrl+P	打印
Ctrl+Q	退出	Ctrl+Alt+Shift+P	打印/导出网格

2. 编辑菜单

快捷键	功能	快捷键	功能
Ctrl+Z	还原	Ctrl+Shift+Z	重做
Ctrl+X	剪切	Ctrl+C	复制
Ctrl+V	粘贴	Ctrl+Shift+V	粘贴时不包含格式
Ctrl+Alt+V	贴入内部	Ctrl+Alt+Shift+V	粘贴时不包含网格格式
Backspace	清除	Ctrl+Alt+E	应用网格格式
Ctrl+Alt+Shift+D	直接复制	Ctrl+Alt+U	多重复制
Ctrl+A	全选	Ctrl+F9	注销 InCopy
Ctrl+Shift+F9	登记 InCopy	Ctrl+Alt+Shift+F9	全部登记 InCopy
Ctrl+F5	InCopy 更新内容	Ctrl+Y	在文章编辑器中编辑
Ctrl+Enter	快速应用	Ctrl+F	查找 / 更改
Ctrl+Alt+F	查找下一个	Ctrl+I	拼写检查
Ctrl+K	首选项 - 常规		

3. 版面菜单

快捷键	功能	快捷键	功能
Ctrl+Shift+P	添加页面	Ctrl+Shift+Numpad9	第一页
Shift+Numpad9	上一页	Shift+Numpad3	下一页
Ctrl+Shift+Numpad3	最后一页	Ctrl+J	转到页面

4. 文字菜单

快捷键	功能	快捷键	功能
Ctrl+T	字符	Ctrl+Alt+T	段落
Ctrl+Shift+T	制表符	Alt+Shift+F11	字形
Shift+F11	字符样式	F11	段落样式
Ctrl+Alt+Shift+F	复合字体	Ctrl+Shift+K	避头尾设置
Ctrl+Shift+X	基本标点挤压设置	Ctrl+Alt+Shift+X	详细标点挤压设置

快捷键	功能	快捷键	功能
Ctrl+Shift+O	创建轮廓	Ctrl+F8	附注模式
Ctrl+Numpad9	上一更改	Ctrl+Numpad3	下一更改
Alt+8	项目符号字符	Alt+G	版权符号
Alt+;	省略号	Alt+7	段落符号
Alt+R	注册商标符号	Alt+6	章节符号
Alt+2	商标符号	Ctrl+Alt+Shift+N	当前页码
Alt+Shift+-	全角破折号	Alt+-	半角破折号
Ctrl+Shift+-	自由连字符	Ctrl+Alt+-	不间断连字符
Alt+[	英文左双引号	Alt+Shift+[	英文右双引号
Ctrl+\	在此缩进对齐	Ctrl+Shift+M	全角空格
Ctrl+Shift+N	半角空格	Ctrl+Alt+X	不间断空格
Ctrl+Alt+Shift+M	窄空格	Ctrl+Numpad+Enter	分页符
Enter	段落回车符	Shift+Enter	强制换行
Ctrl+Alt+I	显示隐含的字符		

5. 对象菜单

快捷键	功能	快捷键	功能
Ctrl+Alt+4	再次变换序列	Ctrl+Shift+]	置于顶层
Ctrl+]	前移一层	Ctrl+[	后移一层
Ctrl+Shift+[	置为底层	Ctrl+Alt+]	上方下一个对象
Ctrl+Alt+[	下方下一个对象	Shift+Esc	内容
Ctrl+G	编组	Ctrl+Shift+G	取消编组
Ctrl+L	锁定	Ctrl+Alt+L	解锁跨页上的所有内容
Ctrl+B	框架网格选项	Ctrl+Alt+Shift+E	按比例适合内容
Ctrl+Alt+M	投影	Ctrl+Alt+Shift+K	剪切路径选项
Ctrl+8	建立复合路径	Ctrl+Alt+Shift+8	释放复合路径

6. 表菜单

快捷键	功能	快捷键	功能
Ctrl+Alt+Shift+T	插入表	Ctrl+Alt+Shift+B	表设置
Ctrl+Alt+B	单元格文本	Ctrl+9	插入行
Ctrl+Alt+9	插入列	Ctrl+Backspace	删除行
Shift+Backspace	删除列	Ctrl+/	选择单元格
Ctrl+3	选择行	Ctrl+Alt+3	选择列
Ctrl+Alt+A	选择表		

7. 视图菜单

快捷键	功能	快捷键	功能
Ctrl+Alt+Shift+Y	叠印预览	Ctrl+=	放大
Ctrl+-	缩小	Ctrl+0	使页面适合窗口
Ctrl+Alt+0	使跨页适合窗口	Ctrl+1	实际尺寸
Ctrl+Alt+Shift+0	完整粘贴板	Shift+W	演示文稿
Ctrl+Alt+Shift+Z	快速显示	Ctrl+Shift+9	典型显示
Ctrl+Alt+Shift+9	高品质显示	Ctrl+R	隐藏／显示标尺
Ctrl+H	隐藏框架边缘	Ctrl+Alt+Y	显示文本串接
Alt+8	隐藏传送装置	Ctrl+;	隐藏参考线
Ctrl+Alt+;	锁定参考线	Ctrl+Shift+;	靠齐参考线
Ctrl+U	智能参考线	Ctrl+Alt+'	显示基线网格
Ctrl+'	显示文档网格	Ctrl+Shift+'	靠齐文档网格
Ctrl+Alt+Shift+'	靠齐版面网格	Ctrl+Alt+C	隐藏框架字数统计
Ctrl+Alt+E	隐藏框架网格	Ctrl+Alt+1	显示结构
Shift+F7	对齐	Ctrl+Shift+Enter	swf 预览
Ctrl+Alt+6	控制	Ctrl+Shift+D	链接
Ctrl+Alt+F10	效果	Ctrl+F7	对象样式
Shift+F11	字符样式		

8. 工具栏

快捷键	功能	快捷键	功能
V，Esc	选择工具	A	直接选取工具
Shift+P	页面工具	U	间隙工具
B	内容收集器工具	T	文字工具
\	直线工具	P	钢笔工具
N	铅笔工具	F	矩形框架工具
M	矩形工具	Y	水平网格工具
Q	垂直网格工具	C	剪刀工具
S	缩放工具	G	渐变色板工具
Shift+G	渐变羽化工具	I	吸管工具
H	抓手工具	Z	缩放显示工具